咖 啡
的世界史

［日］臼井隆一郎 著

杨晓钟　张蕊 译

陕西新华出版传媒集团

陕西人民出版社

图书在版编目（CIP）数据

咖啡的世界史 /（日）臼井隆一郎著；杨晓钟，张蠡译.
—西安：陕西人民出版社，2020.8
ISBN 978-7-224-13517-6

Ⅰ.①咖… Ⅱ.①臼…②杨…③张… Ⅲ.①咖啡 - 文化史 - 世界
- 通俗读物Ⅳ.①TS971.23-49

中国版本图书馆CIP数据核字（2020）第021492号

著作权合同登记号　　图字：25-2019-183

COFFEE GA MEGURI SEKAISHI GA MAWARU
BY Ryuichiro USUI

出 品 人：宋亚萍
总 策 划：刘景巍
策划编辑：管中洑　王颖华
责任编辑：管中洑　王颖华
封面设计：白明娟

咖啡的世界史

作　　者　［日］臼井隆一郎
译　　者　杨晓钟　张蠡
出版发行　陕西新华出版传媒集团　陕西人民出版社
　　　　　（西安北大街147号　邮编：710003）
印　　刷　中煤地西安地图制印有限公司
开　　本　880毫米×1230毫米　1/32
印　　张　8.3125
字　　数　136千字
版　　次　2020年8月第1版
印　　次　2020年8月第1次印刷
书　　号　ISBN 978-7-224-13517-6
定　　价　49.00元

如有印装质量问题，请与本社联系调换。电话：029-87205094

目录

第一章

苏菲

神秘

主义

的

咖啡

喝着咖啡攀谈的四名苏菲

伦勃朗·梵·莱茵·阿姆斯特丹
1642年伦敦大英图书馆藏

福地阿拉伯

咖啡在传入欧洲时，其商品的意象里洋溢着异域阿拉伯的幸福感。面对着乌黑发亮的新型饮品，凡尔赛的贵妇们沉浸在远东的梦境里，伦敦的绅士们畅想着"红海究竟是什么颜色"。

其实阿拉伯在欧洲人的认知中并非一片未知的土地。《圣经·旧约》中就记载了在遥远的阿拉伯沙漠中有一个丰饶的国度。那里是希巴女王统治下的土地，她曾带着数不胜数的黄金、财宝以及香料拜会耶路撒冷的所罗门王。因而罗马人把阿拉伯南端的那片飘香的土地叫作"阿拉伯·菲利克斯（福地阿拉伯）"。维吉尔在《农事诗》里吟唱道："乳香只有萨巴（希巴）有"，"乳香只来自习惯享受穷奢极侈的萨巴人"。对于具有古典素养的欧洲人来说，咖啡的发祥地是一片自打神话时代就与"芳香"密切相关的土地，这一点对咖啡的流行意义重大。

　　但是，如果试图揭开被染上幸福之色的东方面纱，探索咖啡起源的话，事情却未必那么条理清晰。当然，有些关于咖啡起源的传说是众所周知的。其中一个就是阿拉伯牧羊人柯迪（Kaldi）的故事。

　　一天，柯迪将羊群赶到了一片新的牧场。到了晚上，奇怪的事情发生了，山羊各个兴奋异常，完全没有要睡觉的意思。无奈之下，柯迪前往附近的修道院求助。修道院院长夏德利调

柯迪和羊

查后发现，山羊们失眠是因为食用了一种灌木的果实。于是，他便用这种果实进行了各种尝试。

有一天，夏德利试着将这种果实烹煮后饮用，结果当天晚上他辗转反侧、彻夜难眠。他便想到，修道院做晚礼拜时总有一些人打瞌睡，可以给他们饮用这种饮品。结果效果极佳。之后，他们便养成了每次做晚礼拜时就喝那黑色饮料的习惯。

这个传说的蓝本来自 17 世纪一个叫法司特·奈洛尼的意大利东方学家所写的故事，有山羊和牧羊人出场的田园牧歌式的故事创作很具有欧洲风格。像这样情节大致相似的传说，版本各异，广为流传。但是，在伊斯兰文化圈里，有关咖啡诞生的各种传说中，山羊起到关键作用的情节是不存在的。也有一则比较例外的故事，讲述的是从某位圣人播撒的山羊粪里长出了咖啡树，这估计是因为咖啡豆有些像羊粪吧。

在伊斯兰世界里，还有一则广为流传的有关咖啡起源的传说，是关于摩卡圣人阿里·伊本·奥马尔的故事。奥马尔年轻时，和师傅阿尔·沙孜里一起去麦加朝圣，途中经过也门附近的乌撒布山时，师傅突然对奥马尔说："我将会在这儿死去，我死后会有一位戴面纱的人来，你务必要遵从那人的指示做事。"

师傅死后，果然出现了一位戴面纱的人，那人当场挖掘地面，不一会儿就从地下涌出了水。奥马尔用挖出的水为师傅洁净遗骸并埋葬了他。这时，那个谜一般的人摘去了面纱，没想到竟然是师傅阿尔·沙孜里本人，死而复生的师傅命令奥马尔前往摩卡。

来到摩卡后的奥马尔也挖掘地面，涌出了水，这就成了摩卡的第一口井。

奥马尔来后不久，一场突如其来的疫病侵袭摩卡。病人们纷纷来向深谙安拉教义的奥马尔求救。很多人在他虔诚的祈祷下，迅速痊愈了。很快他的故事口耳相传，更多的病人前来拜访他，其中就有一位美丽绝伦的姑娘。她是当地领主的女儿，患了相同的疾病，她父亲听了关于奥马尔的传闻后，便让人把她抬了过来。几天之后，姑娘就大病痊愈，健健康康地回了家。

这件事后，流言四起。好事的市民们觉得和那么一位绝代佳人同处一个屋檐下，怎么可能没有事情发生？不久流言就传到了领主的耳朵里，领主在暴怒之下驱逐了奥马尔。

被驱逐出城的奥马尔带着他的弟子们，在没有任何食物的乌撒布山中艰难生存，这期间他们发现了咖啡树，食其果实为生，不久之后又学会了烹煮而饮的方法。后来，摩卡城中疥癣病又开始肆虐。还记得奥马尔的人们闯进乌撒布山中，再次向他求助。奥马尔为这些人祈祷，并让他们喝咖啡。这些人一开始被黢黑的汁液吓得发抖，不敢喝，奥马尔就安慰他们说："它和渗渗泉圣水具有同样的奇效。"

渗渗泉圣水是位于麦加克尔白神殿旁的井水。这口大而深的井传说是夏甲找到的，她与易卜拉欣生了儿子伊斯玛仪。因为和易卜拉欣的妻子撒拉之间产生矛盾，夏甲和儿子一起被赶了出来。在苍凉的荒漠里，面对因缺水而奄奄一息的儿子，夏甲放声大哭，呼天抢地的哭泣感动了真主，真主指引她在一块石板下挖出一眼清泉。这便是渗渗泉。去麦加朝圣的穆斯林必定会饮用此水，据说如果家里有病人的话，带回家让病人喝下，病就会痊愈。这是伊斯玛仪的臣民——阿拉伯人人皆知的灵验非凡的泉水。

那些前去求助的人们听了奥马尔的话之后都放心地喝了咖啡。等他们奇迹般治好了疥癣回到城里后，开始到处讲述奥马尔和黑色圣水的事儿。曾经驱逐了奥马尔的领主也深深感到后悔，于是就为奥马尔捐赠了气派的寓所，再次以圣人之礼把他迎回了城里。

这则传说是把也门的摩卡当作咖啡发祥地。奥马尔（？—1418年）在历史上确有其人，他的居所和墓地留存至今。但是，

这则传说有多大的可信度还是个问题。原产于东非的咖啡树竟
然野生在也门的山里，这点让人难以置信。虽然在中世纪时，
阿拉伯的植物学很发达，但还是不知道有咖啡树的存在，估计
咖啡是某个特定的时间在也门开始人工种植的。

摩卡自不用说，后来成了咖啡交易的中心港口城市。应该
说是因为城市发展到如此程度之后，才诞生了上述咖啡起源的
传说。而阿里·伊本·奥马尔本来就和也门这座城市有很深的
渊源，让他来扮演守护圣人，保护咖啡种植和咖啡交易船只的
海上平安，从中可以嗅到咖啡老字号摩卡的浓厚商业主义气息。

上面列举的两则传说中有几个值得关注的共通点。柯迪的
故事里出现了修道院院长夏德利，而阿里·伊本·奥马尔的
师傅阿尔·沙孜里的名字，如果用意大利语表记的话不就是
夏德利（Sciadli）吗？奈洛尼的故事里还有一位叫阿伊德鲁斯
（Aidrus）的僧侣出场，而伊斯兰文化圈里也有一则起源传说，
认为一个叫阿伊达鲁斯（Aidarus）的僧侣是喝咖啡的第一人，
他在山里走得精疲力竭之时，正是因为吃了咖啡的果实而恢复
了精力。由此猜测，奈洛尼借用了几则伊斯兰文化圈内流传的
起源传说中的人名，在此基础之上创作了新的传说。

咖啡起源的传说都和伊斯兰僧侣有关，而且这些僧侣不仅

声名显赫，更是同属于一个特定的教派，他们全都被称作苏菲，是伊斯兰神秘主义教派的僧侣，如果进一步缩小范围的话，这些苏菲都是阿尔·沙孜里开创的沙孜林耶教派的。这个教派和咖啡的渊源极其深厚，在阿尔及利亚，咖啡就叫作沙孜里，正是这些伊斯兰神秘主义教派的僧侣苏菲们，在从咖啡树到咖啡饮料这一发展过程中，做出了很大的贡献。

19世纪，法国有位东方学家叫安东尼·伊撒克·西尔维斯特·德·萨西，他的《阿拉伯散文集》被很多对中东感兴趣的欧洲人广为传阅，比如德国的歌德就曾在《东西诗集》的结尾处写过赞美德·萨西的诗。而那本《阿拉伯散文集》里收录并翻译了一篇在探索咖啡起源方面至关重要的文献——《论咖啡之合法性》（1558年）。正如我们后来所见，咖啡在穆斯林中确立其合法地位时，遭遇了重重困难，拥护咖啡的知识分子必须不断地积累维护其合法地位的言论。在探索咖啡的起源方面，16世纪的阿布杜·尕迪尔·阿尔·沙孜里曾撰写了《论咖啡之合法性》这一重要文献，德·萨西将其翻译成法语，并添加了详细的注释。

沙孜里的著作中出现了一位与咖啡起源相关的重要人物——住在古代南阿拉伯亚丁的僧侣阿布·阿布德·阿拉·穆

《阿拉伯散文集》封面

罕默德·伊本·赛德，又名扎布哈尼（殁于 1470 或 1471 年）。
扎布哈尼不但是一位满腹学识的研究戒律的学者，以虔诚之心
皈依神的人，而且还是一位声名卓著的大法官，他在判决时力
争做到不留任何疑点。

有一回，扎布哈尼因要事必须离开亚丁前往阿加姆（非阿

拉伯语地区），在阿加姆滞留期间，他发现当地人喝着一种闻所未闻、见所未见的饮品。返回亚丁后，扎布哈尼病倒了，病中的他突然想起在阿加姆见到的饮料，于是就抱着试试看的心理喝了几口，没想到疲乏无力的症状顿时减轻不少，之后很快就恢复了元气。

故事中提到的阿加姆应该就是红海对岸的东非，也就是埃塞俄比亚。扎布哈尼回到亚丁不久就成了苏菲。他已经知晓在东非见识的饮品能消除困倦，有助于晚课，于是就将其介绍给了其他苏菲，正因为这种饮品对晚间祈祷和体力劳动大有助益，喝了之后能让人神清气爽，所以很快就受到众人的喜爱。

问题是这种饮品是不是咖啡呢？东非没有我们现今这种喝咖啡的方式。沙孜里对此还做了些补充记录。据这些记录来看，扎布哈尼在东非见识的饮品并不是咖啡，而是一种叫作卡特的有兴奋作用的饮品，它是由一种叫咖夫达的树的叶子制成的。卡特和咖啡生长于同样的气候条件，具有相似的功效，曾一度和咖啡有过竞争，但它没能像咖啡一样成为国际性的商品，可以说最终败给了咖啡。

关于卡特，有记载说，它能带给人快活的感觉，让人感到无与伦比的自由和幸福。这种说法让人不由得联想到毒品。

其实，卡特带来的作用可以分为三个阶段：第一个阶段，喝过之后特别清醒，身心活跃；兴奋状态持续 2 个小时左右，就变为第二个阶段的陶醉状态，感到无比的满足和内心踏实；第三个阶段，身心不安，精神恍惚。而持续饮用卡特会造成倦怠、失眠、无力、不安、妄想等身心萎靡症状。亚丁的扎布哈尼在东非见到的饮品想来应该就是卡特。扎布哈尼的一生不为人所知，所以他是否真的在红海对岸滞留过也是个疑问。即便如此，人们还是把咖啡的起源以某种形式和这个扎布哈尼联系在了一起。

　　还有一则传说以另一种形式解说了这中间的变故。传说中也门的苏菲们本来是喜欢卡特的，可是到了扎布哈尼的那个时代，卡特极其匮乏。而从 9 世纪之后，在伊斯兰医学界，咖啡豆（在非洲叫 bun）就一直被当作能给人带来兴奋感的药品，并且也作为熟食来食用，扎布哈尼和弟子经过各种试验，最终掌握了把咖啡豆制成液体的方法并确认了其功效。还有传说提到最初是一个无名的贫贱苏菲用咖啡代替卡特饮用，后来扎布哈尼这些显贵们也开始喝咖啡了，这才使得咖啡合法化。

　　如果沙孜里所言不虚的话，那么咖啡这种具有兴奋作用的"健康"饮品在伊斯兰世界出现的时间就应该是公元 15 世纪后半期，在古代南阿拉伯的亚丁。

咖啡的诞生与神秘的苏菲派

我们有必要再次玩味一下"咖啡的诞生"这种说法意味着什么。今天世界各地都以类似的发音称呼咖啡，咖啡这一名称来自阿拉伯语 Qahwa（咖赫瓦）一词，而该词早在咖啡出现以前就存在了。曾经卡特也叫 Qahwa，葡萄酒也叫 Qahwa。因此所谓的"咖啡的诞生"实际上应该是指：用非洲叫作"bun"的豆子制成的后来通称为咖啡的饮品，与阿拉伯语"Qahwa"这一名称相结合，在伊斯兰文化圈扎下根的过程。在欧洲的词典里，"Qahwa"本来是指葡萄酒，其语义有"厌恶""没食欲""谨慎"等。现在，Qahwa 既指咖啡，也指葡萄酒，还指卡特。对于不懂阿拉伯语的人来说，很容易产生混乱。那 Qahwa 到底是什么呢？

阿拉伯语是一种很神奇的语言。针对上述问题可以做如下的解释：Qahwa 是由 q、h 和 w 三个辅音构成的，这叫词根，在不标记元音的阿拉伯语中，这个词根就已经足够唤起一些特定的观念。这个词根就是"消除某种物质欲望；减少；谨慎"

的意思。无论是含酒精的葡萄酒、类似兴奋剂的卡特，还是咖啡，三者有一点是共通的，那就是消除对食物的欲望。对于把葡萄酒理解为饭前开胃酒的现代人来说可能觉得很不可思议，但是当初把葡萄酒叫作 Qahwa，是因为人们为了减少对食物的摄取才喝葡萄酒的。因此在咖啡出现之前的很长一段时间里，Qahwa 这一名称指的是低度的白葡萄酒。之后新出现的咖啡曾一度和卡特竞争高下，结果占有了 Qahwa 这一名称。但是，这里其实暗藏着一个很麻烦的问题。众所周知，伊斯兰世界是禁止葡萄酒的，如果咖啡是葡萄酒的话，那咖啡的前途就应面临着巨大的困难。事实上，咖啡在伊斯兰世界确立起合法地位之前，确实遭遇重重困难，为了力挺咖啡而竭尽全力的正是伊斯兰神秘主义教派的修道僧苏菲。

　　苏菲派教义深深扎根于伊斯兰文化和其哲学，我们必须先来了解一下苏菲派和我们的主题——咖啡相关的神秘主义思想。如果不如此，那就连"咖啡"一词的词源 Qahwa 的意思都难以明了。

　　总的来说，咖啡是一种奇特的饮品。本来有害身体，喝了之后会兴奋、失眠、失去食欲、消瘦。然而，苏菲们却积极地接受了咖啡的这些消极特性，致力于将咖啡传播至世界各地。

他们丝毫不畏惧咖啡对于身体的伤害，为了兴奋而喝咖啡，为了不睡觉而喝咖啡，为了斩断食欲而喝咖啡。

被称为苏菲的人们出现在 8 世纪末，在美索不达米亚，距离曾经的巴比伦很近的一个叫库法的小镇。苏菲一词的词源，据说来自表示"羊毛"意思的苏夫这个词，苏菲是指身披白色的羊毛斗篷、在荒野里苦心修行的人们。白色羊毛服饰会让人想到身穿白衣的耶稣基督，也有人说真的是受到在荒野里勤奋修行的基督徒隐修士的影响。据苏菲派的教义，最先穿苏夫的是被逐出伊甸园的亚当和夏娃。大天使加百利给了他们一头羊，亚当用夏娃捻的羊毛织成了第一件苏夫。再之后，穿苏夫的是摩西、浸礼者约翰、耶稣、穆罕默德。也就是说，让人联想到 Saff（阿拉伯语清纯之意）一词的苏夫这个词具有重要的象征性意义，穿苏夫的人必须守护它所象征的意义。苏夫一词是由 S.、W 和 F 三个辅音构成的，S. 是诚实、纯净、坚韧不拔、正直、无辜的第一个字母，同样 W 是节操、认真、内在的感动的第一个字母，F 则是喜悦、无忧、顺从的第一个字母。不过因为白色的羊毛服饰让人联想到耶稣基督而受到强烈的谴责，后来就变成五颜六色的斗篷，从那之后，苏菲这一词就作为指代伊斯兰神秘主义信徒的总称而沿用至今。

陷入冥想的苏菲

至今还流传着最早期的苏菲大师哈桑·巴士里（728 年殁）
的言论：

> 小心谨慎地避开这个世界吧，这个世界就像蛇一样，
> 摸上去很光滑，但其毒是致命的。这个世界对神来说毫无
> 价值，也没有分量，充其量不过如同小石子或一抔土那么
> 轻。让我们的预言者来说的话，神再没有创造过比这世界
> 更让他可憎之物了。而且自打世界被创造出来之后的那天
> 起，神就不屑一顾。神就是如此憎恶这个世界。神曾试图
> 把这世界所有的钥匙和宝贝都赠予我们的预言者。即便如
> 此，在神的眼里，所失去的价值就如同蚊子的翅膀一般不
> 值一提。但是，预言者谢绝了。之所以预言者拒绝接受这
> 个世界就是因为即使接受了这个世界，在神的眼里，也是
> 微不足道的；因为预言者十分清楚神所憎恶的东西，所以
> 他也憎恶之；神所轻视的东西，他也轻视之；神所蔑视的
> 东西，他也蔑视之。如果他接受了，就证明他爱这个世界。
> 但是，热爱造物主所憎恶的东西，认可至高无上者所蔑视
> 的东西有价值，这是预言者鄙视的行为，所以他才谢绝了。

苏菲们对现世持绝对否定态度，而且很多苏菲的行为有违常识、怪异诡秘。比如有位苏菲以一生之中只微笑过一次而著名，而那一天竟是自己的独生子死去的那天。还有一位苏菲一生中从未倾听过别人的意见。

亚丁的扎布哈尼和摩卡的奥马尔也同属于苏菲派的沙孜林耶教团。阿尔·沙孜里生于 12 世纪末，出生地不详，有说突尼斯也有说阿尔及利亚。他因年轻时学习太刻苦，不幸导致失明，之后就献身于苏菲派。他在突尼斯弘扬教义，统治者因恐惧其使徒的品行和对民众的影响而对他加以迫害，遂被迫逃往埃及的亚历山大。他多次去麦加朝圣，在最后一次旅途中，死在了横穿埃及沙漠的路上（1258 年）。他死后，因他诞生了一个教团，不久发展为一个从非洲直到印度的巨大组织，正是这个教团开始传播咖啡。

让我们再来看看咖啡所带来的效用是多么吻合苏菲派的精神！

喝咖啡失眠——苏菲正是为了失眠而喝咖啡的。《古兰经》里就记载了大天使加百利出现在希拉山洞勤勉修行的穆罕默德眼前的"受权之夜"，还有加百利带着穆罕默德飞过夜空，从麦加神殿飞到耶路撒冷神殿的"登霄夜"。可见在伊斯兰文化

天使加百列与穆罕默德

里，不眠之中有精髓。苏菲诗人萨迪吟诵道："当心！醒着吧，莫让生命虚度！"山鲁佐德彻夜不眠地给国王讲故事（《一千零一夜》）。犹太教、基督教、伊斯兰教的共同先知易卜拉欣之所以成为"神的至交"，据苏菲派的教义说，就是因为他在人们都睡去的夜深人静之时，不眠不休地继续祈祷。伊斯兰教认为最好的宗教善行就是在清真寺里彻夜祷告。

　　夜空中的天体并不单纯只是美丽，也充满神秘。按伊斯兰神秘主义思想的说法，宇宙是总在上演同一幕剧的固定现象的总和，是透过人类感觉可以辨别的物质性面纱，是反复出现又消逝的幻觉。神性对人类来说，只有有了智慧才能感受到。但是，这个智慧不是人类努力就能获取的东西，它来自神，降临于人类，又再回到神。而且智慧的总量一成不变，仅仅呈周期性循环变动。万能的神恣意而为，用星体的变动暗示这种周期性，而能解读它的就是占星术。因为星座虽然本来只是映射在物质性面纱上的幻影，但却是天人合一的契机。

　　13 世纪著名的苏菲诗人，跳旋转舞的莫拉维教团的鼻祖贾拉鲁丁·穆罕默德·鲁米这样吟诵神性降临于闪耀星座的时刻：

> 勿眠，稀客，我的思绪啊，今夜里，
>
> 感谢你温柔的鼓励，今夜里。
>
> 你，天使的气息，从天而降，莅临我身，
>
> 你是医者，我是病夫，今夜里。
>
> 驱除倦意，秘密出圣域，
>
> 进入我等血液，今夜里。
>
> 光辉旋转吧，星星们，向着光，

让灵魂也旋转飞升，今夜里。

宝石啊，自尔等的墓穴里放出光辉，

化成甜美的纷争，向着星，今夜里。

振翅高飞吧，我的鹰，向着太阳，

不必在暗夜里犹疑，今夜里。

庆幸，众人皆眠，唯神与我，

遗世而独立，今夜里。

夜宛如太阳般闪耀，明亮而温暖，

光芒刺眼仍不舍躲避，今夜里。

梦醒于星之广场，耀眼而喧闹，

黄金天琴，奏出天籁，今夜里。

狮子、金牛和山羊，熠熠生辉，

猎户的宝刀耀眼夺目，今夜里。

天蝎、巨蛇逃遁，北冕送信号，

室女因美酒清爽添活力，今夜里。

无须言语，欢欣百沉醉，

勿动三寸之舌，讲述，思想，今夜里。

（根据德国诗人弗里埃德里希·吕克尔特的德文译本）

对于吟诵"醒着""勿眠""驱除倦意"的苏菲们，在他们把睡眠当成禁忌的精神世界里，不难想象"喝了就失眠的咖啡"是多么受欢迎。

咖啡消除食欲——苏菲不是美食家。克服饥饿和饥渴是所有禁欲主义的要义。对真正的苏菲来说，吃喝行为岂止是最浪费时间的，甚至还规定在吃需要咀嚼的食物时，要反复吟诵赞美神的诗句70次，非常麻烦。一位名叫艾哈迈德·班·阿拉比·巴·贾哈达布（殁于1565或1566年）的苏菲，到了晚年，只喝"黑色的渗渗泉圣水"为生，他死后，产生一则谚语"喝咖啡之人死后不坠焦灼地狱"。而那些喝咖啡后就没有食欲之类的抱怨，大概是舍本逐末了。Qahwa是一种"消除某种物质欲望"的东西，是直接消除食欲的东西。苏菲派之所以给控制、减少、消除欲望的行为赋予了绝对的价值，是因为他们无比厌恶充斥着虚饰的现世，赞美谨言慎行的行为，他们是甚至要断食的禁欲主义者。

喝咖啡会消瘦——瘦身这一点不仅是苏菲，更是整个伊斯兰世界对美的要求。在沙漠的子民看来，肥胖是柔弱的象征，甚至是生病的先兆。有谚语道"你要是肥胖，你就是慢性病人"。而且对于追求质朴的游牧民族来说，贪食和肥胖是和贤哲互为对立的概念。有道是"丰满的女人总有一天连贤哲都敢轻视"。

咖啡有害身体——苏菲不是"盲目崇拜健康、安全、长寿这三个偶像的欧洲人"（霍夫曼斯塔尔《欧洲的理念》）。像讨厌蛇蝎一样厌恶这个世界的苏菲为了修行有时会生吞活蛇，甚至不惜吞火。这些行为可不是一般的"有害身体"这么简单。

喝咖啡兴奋——苏菲有充分的理由让自己保持兴奋。在苏菲们看来，咖啡本来的使命，就是帮助他们抵抗睡眠，保证晚礼拜轻松愉悦。他们把咖啡当作是在神圣之夜使人清醒、引人向善、促使人神合一的东西。因此，喝咖啡这一行为就成为一种宗教仪式。伊斯兰教里有一种仪式是把固定的语句重复一定的遍数。这种做法一方面是为了大声赞美神，另一方面是通过不停重复固定语句而产生的美学效果，让人兴奋起来，进入恍惚状态。这类仪式之中，有个一边喝 Qahwa，一边呼唤 ya Qawiy（强有力者）116 遍的仪式。

为什么是 116 遍呢？这和代数的故乡——阿拉伯国家的代数精神有很深的渊源。阿拉伯文字的每一个字母都是有数值的，这就像前面提到的苏夫这个单词的文字象征意义一样，拥有神秘的色彩。首先 Qahwa 和安拉的别名 Qawiy（强有力者）发音相似，而 Qawiy 的辅音 Q、W、Y（100、6、10）的数值合计为116，这和表示咖啡一词的辅音 Q、H、W、H（100、5、6、5）的合计数值相等。于是就产生了边喝咖啡边高呼116遍"强有力者"的仪式。因为这样的仪式的存在，又因为本来 Qahwa 就有给身体以力量的效用，于是就产生一种解释，说 Qahwa 的词源来自表示威力、强有力之意的 Quwwa 一词。

　　咖啡深深契合苏菲派的精神，又被苏菲派赋予了各种象征性意义，所以喝咖啡是不可小觑的事情。对苏菲们来说，"喝咖啡"就是享受"理念上的 Qahwa"。咖啡是安拉的子民发现隐藏的神秘、接受启示时喝的。于是咖啡就像面包和盐一样被神圣化。而面包和盐自古以来就被视为神圣之物，"面包和盐"这类表达方式象征着对客人的款待之意，而值得特书一笔的是具有崭新历史的咖啡很快就与之平起平坐，成为对客人忠诚、保证其安全、予以厚待的象征。于是咖啡被赋予了一定的生活意义，如被邀请到家里并待之以咖啡的客人，绝对要保证其一天半的安全，再如处于敌对关系的人如果对饮咖啡的话，就意味着结盟的开始。进一步发展，咖啡也形成了日常生活性的礼仪，正像欧洲人喝葡萄酒的那套礼法，如咖啡由主人先饮就表示好喝，最后一杯咖啡表示出发的信号等。

　　苏菲们没有家，他们是一群自愿彷徨于旅途的僧侣，在各地的清真寺过夜，把倒在两座清真寺之间的路上死去作为理想。沙漠的子民用"Merhaba（你的周围宽广吗）"和别人打招呼，对他们来说，最为理想的状态就是自己的四周一望无际吧。但是，广袤无垠的沙漠里也遍布着危险。由此也产生了一些阿拉伯特有的生活习俗。《古兰经》上允许因故进入无人居住的房屋，允许自由使用不属于特定个人的公共建筑物；提倡厚待宾客等。这些习俗都来自沙漠子民的生活吧，因为如果不这样做的话，他们就会暴露在众多危险之中。接待苏菲、提供住宿是各地的清真寺、教团的斋馆。苏菲教团如果从私有财产多寡的角度来看，也可以看作是在特定的集团内部有效地解决形如乞丐一般的苏菲们的各种需求的组织。以这样的宗教观念和宗教组织为背景，福地阿拉伯——也门开创的具有理念意义的 Qahwa 也随着苏菲们向着一望无际的远方，踏上了旅途。

麦加事件

　　但是，随着咖啡被苏菲们推广普及，问题也显露出来。前文提到过"Qahwa"这一名称在咖啡出现以前，一直用来指低度的白葡萄酒。认为咖啡和葡萄酒是无可置疑的不同东西，其实只是我们现代人的感觉。在咖啡也叫"Qahwa"、葡萄酒也叫"Qahwa"的过渡期，要将两者区分开来是大伤脑筋的问题。在伊斯兰世界里，对葡萄酒饮用加以劝诫的谚语不胜枚举：

> 信仰和葡萄酒互不相容。
>
> 葡萄酒是通向万恶之路。
>
> 喝了葡萄酒之人的祈祷是到不了安拉那里的。
>
> 饮用、销售、购买葡萄酒或唆使别人饮用之徒应该受到诅咒。（沙漠地区的葡萄酒商人主要是犹太教徒、基督教徒）
>
> 今世喝葡萄酒之徒，后世将永不能再饮葡萄酒。
>
> 肆意饮葡萄酒之徒，在复活之日必先饮脓。

不惜余力推广咖啡的苏菲派尽管给伊斯兰的哲学和文学以巨大的影响，但从整体来看还是属于神秘主义少数派。在施行葡萄酒禁令的伊斯兰世界，如果 Qahwa 引起注意，必定会产生问题。

15 世纪末出现在福地阿拉伯的咖啡很快就普及起来，16世纪初，在麦加和麦地那两座圣城以及埃及开罗的清真寺都可以看到边喝咖啡边做礼拜的苏菲的身影。沙孜里的《论咖啡之合法性》里记录了做礼拜的开罗人的事情：

> 那些人在星期天和星期五的晚上喝 Qahwa。Qahwa 装在一个很大的褐土瓶中，用一个很小的茶碗从瓶里舀出，从坐在右手边的人开始顺次传递下去。传递期间，其他的人们照常诵祷。诵念最多的祈祷词是"安拉是唯一的神、真正的王，其神力至高无上"。俗家信众和工作人员也一同喝。我们因为是担任助手工作，所以也一起喝了，Qahwa 果真如众人所言，驱赶睡意，防止瞌睡。之所以这样说，是因为喝了之后，我们那天夜里和大家一起彻夜未眠，第二天早上和多出了几倍的人们一起做了早课，可是却没感到任何疲惫。

虽然是虔诚祈祷的情景，但在为政者眼中就是另一番事态了，甚至是一种亵渎。实际上，当时把咖啡的饮用方式看成是蔑视神的行为也是不无道理的，毕竟任何一个民族都有基于宗教信仰的饮食礼仪。在阿拉伯就有吃热的食物时不能吹气的礼仪，那被认为是贪食的行为，还有一个原因是阿拉伯人认为呼出的气里寄居着生命的气息，不应该随便吐出。由尘土制成的亚当，正是神在其鼻子吹入生命的气息才有了生命，因此不能给客人上冒着热气的滚烫食物。还有一种原因是他们认为热气和烟本就是恶魔的栖息之所。比如《一千零一夜》里伴随着滚滚烟气现身的大抵都是恶魔。阿拉伯人还以为吃饭就要像易卜拉欣迎接三位天使时那样迅速吃完才是典范；不许发出声音。《古兰经》里甚至对可以吃和不可以吃的东西都有细致的规定，如炭按规定是不能吃的。在这种饮食习惯下，咖啡是如何被看待的呢？烘烤过的咖啡豆看上去和炭别无二致。还有刚泡好的冒着热气的滚烫液体要边吹气边啜饮。而且围坐在神圣的清真寺，推杯换盏，一边慢悠悠地喝着咖啡，一边诵祷"安拉是唯一的神"，那兴高采烈的样子不是挑衅又是什么。再有 Qahwa 本来就是指葡萄酒，完美具备了被禁止的条件。

　　果然不久之后，在圣地麦加就发生了一件事。1511 年 6 月 20 日星期五，正好是先知穆罕默德诞辰日的前一天。麦加的高官哈伊尔·贝·弥马尔（Khair Beg）在神圣的清真寺结束当天最后一次祈祷，像往常一样吻了神殿的秘宝黑石（据说这块石头从天上掉下来时是纯白色的，因人世间的罪恶污染才变得漆黑）。黑石的另一侧是渗渗泉的圣水，他喝了水之后再次祈祷。

正当他满面虔诚专心礼拜之时，突然发现清真寺内有一群点着灯笼聚集在一起的"可疑之辈"。仔细一看，那群"可疑之辈"正在轮流喝着类似酒的饮品。那一定就是最近神殿附近的食堂都在供应的 Qahwa 无疑。弥马尔赶走了那群"可恶之人"，第二天就召集麦加城的官员开会，让大家讨论 Qahwa 的问题。他的职责除了检查商人使用的交易秤是否公平外，还负责监视市场所出售的商品中是否有违禁货物。因此必须由他对如何处理最近刚上市的 Qahwa 问题做出决定。

会上，哈伊尔·贝·弥马尔把 Qahwa 装在一个大容器里拿进来。议题有两个：其一，是否应该禁止最下等之徒以宗教理由为借口聚在一起喝 Qahwa；其二，是否应该禁止 Qahwa 本身。在对第一个议题做出禁止决定之后，意见出现了分歧。参会的官员中有几人不同意禁止 Qahwa 本身。他们以"合法食物"的原则为由，认为虽然《古兰经》里详细记载了可以吃和不可以吃的食物，但是原则上所有的植物都是神为了人类而创造的，除非被证明具有必须被禁止的性质，否则基本上都应该被认可。讨论的结果是委托医生对 Qahwa 做医学鉴定，看是否真的对人身心有害。

大概也是计划好的吧，贝·弥马尔把两位待命的波斯医生

围坐在一起喝咖啡的伊斯兰教教徒

叫进会场，让他们陈述意见。两位有学识和经验的人士陈述了事先准备好的答案。他们说 Qahwa 是干燥、阴凉性质的东西，饮用它会伤害平稳的性情。这时，就好像串通好似的，出席会议的几位人士相继作证，他们说自己也有喝 Qahwa 的体验，当时的确感受到了精神上的变化。

虽然整个过程看上去犹如一场闹剧，但麦加的长官哈伊尔·贝·弥马尔也算是得到了预期的结果,开始了对咖啡的压制。麦加街头烧烤咖啡豆进行咖啡买卖的人和饮用的人都被鞭打。

但是,对咖啡的压制没有持续很长时间。会议上不赞成全面禁止咖啡的几个温和派人士把会议记录寄到了开罗,试探上层的意思。第二年从开罗寄来的答复和温和派的主张一致,那就是对咖啡本身的禁止不予认可,只允许加强取缔反宗教性质的行为。强行压制咖啡的哈伊尔·贝·弥马尔被解职。据说那两位有学识和经验的医生之后被以"只有神知道"的理由处死了。这就是阿谀权力的下场吧。

压制咖啡的历史性事件——"麦加事件"落下了帷幕,咖啡开始大模大样地出现在人们的面前,承认咖啡和葡萄酒是不同的东西只是时间的问题。虽然咖啡的确有类似葡萄酒的陶醉作用,给人带来精神方面的变化,但是咖啡不是用葡萄做的。违反伊斯兰饮食礼仪的咖啡的饮用方式也逐渐被视为特例。一直悬而未决的问题竟然是对咖啡豆是不是炭的怀疑。《古兰经》里当然没有关于咖啡的记载。但是对于咖啡来说,不利的是《古兰经》禁止食用炭,对咖啡质疑的人们以此为论据,继续要求禁止咖啡。给这个争论画上句号是在17世纪,艾哈迈德一世(在位期间1603—1617年)的统治时期,宗教权威们给出了统一的结论，承认咖啡豆没有被烧到可称为炭的那种程度。通过确立起咖啡不同于炭的意识，咖啡逐渐在伊斯兰世界受到公众的认可，从而扫除了成为世界性饮品的障碍。

推翻了弥马尔压制的麦加变成了咖啡的麦加。麦加是全伊斯兰世界的中心。一生至少要进行一次麦加朝圣的穆斯林们要亲吻克尔白神殿的黑石，饮渗渗泉圣水，还要喝另一种"黑色圣水"。伊斯兰世界在迎来奥斯曼土耳其帝国苏莱曼大帝的统治（1520—1566 年）之后日益强盛，发展壮大。16 世纪在世界史上是"土耳其的世纪"。终于，出现在阿拉伯半岛南端的咖啡以"伊斯兰的葡萄酒"的身份，面向世界，站在了起跑线的中心位置。

咖啡之家

16 世纪初，在埃及的开罗出现了饮用咖啡的也门苏菲们的身影。1554 年，叙利亚人哈库姆和夏姆斯在奥斯曼土耳其帝国的首都伊斯坦布尔建起了两家"咖啡之家"。之后，"咖啡之家"的数量飞速增长，到了谢利姆二世统治时期（1566—1574 年），伊斯坦布尔已经有了 600 多家"咖啡之家"。

在某种意义上可以说咖啡相比其本来的性质，此时出现了背道而驰的发展。苏菲是否定现世、排斥交际的，由他们推广并命名的 Qahwa 却形成了社交的场所。本来饮用咖啡是不需要特别空间的。咖啡最初是在清真寺和斋馆里，在圣人和俗家信众夜晚向神祈祷的神圣时刻喝的，其"使命"旨在消除瞌睡。然而，诞生于阿拉伯的"咖啡之家"制度，作为一种极其伊斯兰式的制度，却也同咖啡一起为欧洲市民生活增添了重要的色彩。"咖啡之家"转瞬就席卷阿拉伯世界，支撑着其飞速发展的力量一定和伊斯兰世界人们的精神、政治、经济以及其他众多因素相关。

"咖啡之家"的土耳其语叫"咖啡哈内（kahvehane）"。问题出在"哈内"，这个词的意思是商旅客栈、旅店、小酒馆。1511 年发生的"麦加事件"中的咖啡是从哪儿收缴的呢？想来应该就是"哈内"吧。哈内在当时兼具着旅店和小酒馆的功能，主要用于接待远道而来的善男信女。官方禁酒的文化圈竟然有小酒馆存在，想想也挺奇妙的。不管表面如何，总会有内幕，这是人类营生的惯常做法。当时肯定有小酒馆存在，而且呈现出独有的兴隆景象。要是单从其性质来看，应该是那些不能见光、不务正业的人们常出入的场所，肯定也是那些自认为是正经教徒的人们有些忌惮出入的场所。认为酒和音乐里潜藏着魔性的东西而忌讳是可以理解的，但令人惊奇的是，小酒馆的存在理由实际上还不仅如此。比如，居住在欧洲的某个镇上或村里的基督徒，他们结束礼拜后三五成群地搭伴聚集到附近的小酒馆，热闹地议论些市井流言和政治性的话题，这并不算违禁，而穆斯林因为忌惮进入附近的小酒馆，就只能窝在家里或把清真寺附近当公园转转了吧。这里可以感受到社会制度的严重的缺失。咖啡哈内爆发式的普及无非是弥补了这个缺失。

咖啡和咖啡哈内成了当时激烈争论的焦点。这种《古兰经》里从没记载过的崭新饮品，作为苏菲们推广的新习惯走进大众的视野，难免会与伊斯兰正统派逊尼派所重视的传统（逊尼）观念产生摩擦。但是，这种饮品在伊斯兰世界逐步获取了合法地位。苏莱曼大帝是集奥斯曼土耳其帝国荣光于一身的人物，1550 年，他的御医出具的鉴定书没有一点儿对咖啡哈内营业不利的因素。

当时正是小酒馆将主营商品由葡萄酒向咖啡转变的时代。咖啡哈内虽然名为小酒馆，但不出售酒精饮料。初期的咖啡馆虽然从门面上看和小酒馆没有太大的差别，但其主要销售的不是葡萄酒，而是以"伊斯兰葡萄酒"之名正不断被认可的咖啡，

咖啡哈内

正是这一点保证了咖啡哈内产业得以飞跃式发展。小酒馆越是经营着非法的买卖，就越是加速了其向"咖啡之家"的转换。从咖啡在小酒馆里出售的那一刻开始，对咖啡的需求就开始迅猛增长。如果伊斯兰圣地和通往清真寺的道路两边咖啡店林立，出售之前只有苏菲和俗家信众才喝的咖啡，那人们就能逐步感受到这种新饮料的合法化了吧。

　　1511 年"麦加事件"发生之时，这种"出售咖啡的小酒馆"就林立于克尔白神殿的周边。而哈伊尔·贝·弥马尔的打压反倒起了巨大的反效果，加速了这些处于过渡期的"出售咖啡的小酒馆"向"咖啡之家"或是小型立饮咖啡厅转变。也门的咖啡商人编写出阿里·伊本·奥马尔发现咖啡的故事，"咖啡和渗渗泉圣水具有同等功效"一定也是他们创作的旷世广告词。对于沙漠子民来说水是无比珍贵之物，朝圣者们给在家乡期盼的病人带回渗渗泉圣水，他们也一定带回了另一样礼物，那就是"喝了就不坠焦灼地狱"的黑色液体的原料，于是咖啡很快就传播到了整个伊斯兰世界。朝圣的行为不仅构建起巨大的商品运输机构，也形成信息传递机构。不久之后，伊斯兰世界的豪商和欧洲各国的商业资本家们纷纷参与到咖啡的运输和交换中来，于是，咖啡登上了世界市场，成为近代商品交换社会的代表性商品。

小酒馆向"咖啡之家"的转变中，开始出现一种新的现象，那就是豪商们也参与到了"咖啡之家"产业中来，他们财大气粗，和身份低微的小酒馆店主有着本质区别，对于这个现象在世界史上出现的必然性，我们留待下一章阐述。豪商们必须确保从咖啡交易中攫取巨大的利润，但是如果普通民众连咖啡的冲泡方式都不知道的话，那咖啡需求势必就增长缓慢。豪商们为了提高咖啡需求，采取了一个快捷的方式，那就是把刚泡好的咖啡直接提供给不懂咖啡冲泡方式的客人。以豪商们的财力，足够他们为此建造起穷奢极侈的大型"咖啡之家"。豪商们把"咖啡之家"的内部打造得极尽奢华，不是那些小酒馆可以相提并论的。室内墙面装饰着壁画，室外是让人放松休闲的庭院，摆放着长椅，还铺着雅致的地毯。在开罗、大马士革、巴格达等中东和近东大都市市内和郊外风光明媚之地，陆续兴建起豪华的"咖啡之家"，吸引了过往行人的目光。

"咖啡之家"最大的魅力在于，它成为一种新兴社交场所。要说到伊斯兰世界以往最具代表性的社交场所，那当属公共澡堂。公共澡堂里有热水、凉水、汗蒸等各式各样的浴池，是大众聚集、推心置腹的社交场所。这个场所既不同于私人领域，也不同于公务领域，完全是一片新天地。能从公务和个人事务中解脱出来的空间，不仅使阿拉伯人，也使任何国家的人都强烈地感受到其魅力。无论是日本，还是古代的罗马，抑或是因十字军东征而把伊斯兰的澡堂文化传播过去的中世纪欧洲，公共澡堂作为自由社交的场所都非常兴盛。当然这其中也不能忽视温热的洗澡水造成的生理性作用。公共澡堂里充溢着从世事羁绊中获得身心解放的自由感。

　　阿拉伯的公共澡堂一方面彰显着自由社交场所的魅力，另一方面，所谓的自由里也包含着"合谋的自由""毒品的自由""同性恋的自由"等，得到的并非都是正面评价。而针对新出现的"咖啡之家"，却没有出现令人畏惧进入其中的负面评价。"咖啡之家"和公共澡堂一样，形成了一个既非公务也非私人的独特公共空间，在那里可以和非特定的众多人进行交往。之后我们会谈到一个事例，那就是在欧洲咖啡文化史上具有举足轻重地位的咖啡馆之一，它由公共澡堂改造而来的，曾经是美国独立战争和法国大革命的策源地之一，它就是久负盛名的巴黎咖啡馆——普洛可甫。人们光顾"咖啡之家"，其实并不只是想喝咖啡。离开家门，离开公务，单独一人或呼朋唤友，自由自在地度过轻松一刻，看人，被人看，和人搭话，被人搭话，无拘无束地畅谈，若是开心快乐就享受其间，感到无聊就打道回府。正是这个场所表现出的这种魅力吸引着众人。

而"咖啡之家"的这种魅力，在咖啡的"生身父母"——那些禁欲又反社会的苏菲们眼里，是极其反感的，这也是理所当然的。咖啡本是促进与神合二为一的饮品，而在"咖啡之家"里，人们毫不谨言慎行，以他人为伴，游手好闲地打发时光，这种做法是与 Qahwa "消除欲望，谨慎对待虚饰的世界"的本意相违背的。但是，每年伊斯兰历的 9 月，也就是穆斯林从日出到日落进行断食的那个月里，"咖啡之家"就会生意兴隆，从这点来看，可以说"消除食欲的 Qahwa"在"咖啡之家"里也尽到了其本来的"使命"。不久之后，"咖啡之家"也成了宗教界和政界显赫人物出入的场所，还成了学者们和诗人们聚集起来"提高认识的学校"。"咖啡之家"在伊斯兰世界中，确立起无可置疑的合法地位。

"咖啡之家"主要修建在伊斯兰世界重要城市的市内和景色秀美的地方，它不仅吸引了穆斯林的目光，而且也受到前往中东和近东旅游的欧洲人的瞩目。一方面欧洲人在人文主义精神影响下，周游异国他乡的旅行者辈出，这些旅行者对之后咖啡文明的进程具有决定性作用；另一方面在奥斯曼土耳其帝国的统治下，比较稳定的政治环境使得东地中海沿岸一带商业繁荣，吸引了黎凡特商人，这里的咖啡哈内和咖啡引起了欧洲人的关注。对这种非常稀奇滚烫的非酒精饮料，欧洲各国的旅行者都惊叹不已，煞费苦心地把 Qahwa 这种发音奇特的黑色饮品翻译成各国语言，记录在自己的游记里，把这种唤作"伊斯兰的葡萄酒""黎凡特甜香酒"的饮品介绍给故乡的人们。他们还介绍了不问身份的人们聚集在一起无酒言欢的场所——"咖啡之家"。他们告诉人们真的存在着一种崭新的公众舆论的平台，而这正是试图从身份制社会的桎梏中挣扎出来的欧洲近代市民社会非常渴望的制度。

第二章

最初
的
咖啡
文明

因咖啡交易而繁荣的摩卡港

让·佩特斯·安特卫普
1692 年

阿拉伯·摩卡

关于《旧约全书》中，大洪水过后诺亚从方舟出来踏上大地的地点有多种说法，土耳其的阿勒山（海拔5165米）是其中之一，而阿拉伯也有这样的传说之地，那就是耸立在也门古都萨那城边的纳比舒艾卜山（海拔3760米）。咖啡种植就是从这座山麓开始的。因为洪水退去后，诺亚最先种植的是制造葡萄酒的葡萄，所以作为"伊斯兰葡萄酒"Qahwa的种植之地，纳比舒艾卜山可以说是名副其实。

咖啡树的生长需要全年无霜、气候温暖、1200毫米的年降水量。具备这些条件的山谷和斜坡，即便是在被称为福地阿拉伯的也门，也是寥寥无几的。如果高度超过2000米，就有可能遭受霜降；高度在1000米以下，夏天又过于炎热。所以只有阿拉伯西南部的西斜面，以马纳哈为中心，海拔高度1100

米到 2200 米之间的地方最合适。这个区域的峡谷斜面多，能保证咖啡生长所必需的温暖气温，而从红海升腾的云又能带来所需的湿气。

　　也门的咖啡种植方式就像侍弄家庭菜园一般，是非常田园牧歌式的，所以，即便是在鼎盛时期，咖啡年产量也不到 1 万吨。但这里已经形成了咖啡种植模式的雏形，后来，全世界的咖啡种植都在大规模反复模仿这种模式。先开垦田地，然后修

也门摩卡咖啡田

建充分的灌溉设施，还必须采取各种各样的庇护措施，比如，为了避免过强的日光照射和虫害，在咖啡树的周围栽种高大的树木等。咖啡种植的工序不仅复杂，而且还很费钱。最为关键的一点是，从种下咖啡树到结出果实，要历时 5 年左右的时间，而这 5 年间是没有任何收益指望的。所以只有积累了一定的资本，才有可能开始咖啡的种植，从这个意义上来说，咖啡这种商品从一开始就烙上了必然和资本同行的印迹，可以说咖啡文明是"资本先生和大地女士"的"嫡子"。

喝咖啡的习惯开始于阿拉伯半岛、波斯、土耳其等伊斯兰世界，这个习惯很快就传播到南亚、东南亚。而"咖啡之家"在阿拉伯世界兴起的同时，也开始普及到欧洲。1652 年在伦敦，1666 年在阿姆斯特丹，1671 年在巴黎，1683 年在维也纳，1686 年在纽伦堡、雷根斯堡、布拉格，1687 年在汉堡，1694 年在莱比锡，每个城市最初建的咖啡馆都有记录。一方面咖啡需求不断增长，另一方面咖啡的供货源是唯一的，只有也门。也门以独占世界市场而自诩，咖啡升值，也门受惠，这是一个福地阿拉伯的乐园时代。

从种植地收购的咖啡，最终都汇集到提哈迈平原的巴伊特鲁·法基赫。巴伊特鲁·法基赫就是也门，是世界最大的咖啡

摩卡港

市场，埃及、叙利亚、伊斯坦布尔、摩洛哥、波斯、印度乃至后来欧洲的商人都汇聚于此。咖啡的装运港是摩卡、若霍吉达、海牙夫等面向红海的港口。

　　"阿拉伯摩卡"这一名称如实地反映了咖啡文明所具有的独特问题。在阿拉伯采摘的咖啡，如果只是用了装运港的港口名"摩卡"来命名的话，这也没什么不可思议之处。毕竟摩卡在17世纪中叶，已经达到一年8万袋（1袋60公斤）的出货量。但是咖啡的装运港并不是只有摩卡，若霍吉达和海牙夫港都不

逊色于摩卡港，在装运数量上，甚至超过摩卡港。"摩卡"之
所以成为也门咖啡的代表，缘于摩卡港的特殊性，因为只有这
个港口允许英国、荷兰、法国等欧洲国家的船舶直接停靠和收
购咖啡，所以完全是基于欧洲本位的历史观。

　　咖啡交易从一开始就带有丰富的国际性色彩。商品交换发
生于苏菲教团走向衰落之时，斡旋其中的是商人。最初控制咖

从事咖啡贸易的商人

啡交易的是摩卡和亚丁等位于古代南阿拉伯小城市的商人，但也未必都是阿拉伯人。其实，犹太人是自古以来就定居在阿拉伯地区并从事商业活动的人。比如，流传至今的大概也是最为古老的咖啡之歌《咖啡与卡特》，就是一首用阿拉伯语记录的希伯来语歌，传唱于 17 世纪的犹太商人之间。顺便提一下，鲍勃·迪伦的《one more cup of coffee》，歌唱旅行前再来一杯咖啡，这首歌的曲调有一种以色列的旋律。鲍勃·迪伦出生于美国明尼苏达州，本名罗伯特·艾伦·齐默曼，作为犹太商人的儿子，他的血液里似乎一直流淌着某种东西，所以在歌唱咖啡时，他赋予歌曲的旋律，听上去就好像在"叹息墙"前祈祷。

开罗的豪商

虽然在咖啡交易中存在很多中小商人，但是咖啡在伊斯兰世界里已经确立起了合法地位，大城市里存在着数以千计的"咖啡之家"，这就意味着咖啡交易具有庞大的利润，所以开罗的豪商们肯定不会置咖啡交易于不顾，他们很快便从古代南阿拉伯商人手中夺取了咖啡交易的垄断权。这点不能单纯地归结于他们对利益的敏感，咖啡占据开罗豪商们交易活动的中心位置，这也是历史的必然。

开罗是载誉历史的名君萨拉丁建造的首都，1517 年，被奥斯曼土耳其征服后，借助奥斯曼土耳其帝国的威力，进一步走上了强大的商业都市之路。开罗跨亚洲、非洲、欧洲三大洲，地理位置优越，因此形成了被称作"透嘉璐（阿拉伯语商人之意）"的富裕商人阶层。可是由于欧洲人向印度洋发展，给阿拉伯商人在亚洲的交易带来冲击，"透嘉璐"们正苦于如何弥补这些损失，就在这个时候，有如神助一般，咖啡出现了，所以咖啡自然而然地占据了 17、18 世纪阿拉伯商人活动的中心位置。

位于开罗的仓库收购也门山地种植的咖啡。有两条路径可以把咖啡顺利运到开罗。一条路径是从也门走陆路北上到麦加，另一条是通过红海北上开罗。在那个时代，麦加不仅是伊斯兰世界的圣地，也是当时世界上最富足的市场，朝圣者们来麦加朝圣，他们的驼队就是一个巨大的商品运输队，也门的咖啡正是通过这些驼队被运到了开罗。1720 年左右，一年大概能够运送 2000 箱（1 箱装 185 公斤）咖啡。但是，这个运输量不过是通过红海海路运输量的十分之一而已，所以大部分咖啡还是从也门沿岸的港口装运，经红海用船运送到开罗的。

红海据说是因为两岸沙漠的映照才呈现红色的。"福地阿拉伯"和"红色的海洋"，这些环绕着摩卡咖啡的异国情调，给不断传播到欧洲的咖啡赋予了幸福的色彩。然而，现实却并不乐观。与"红色的海洋"这一艳丽的称谓相反，红海是一个充斥着逆风、暗流、浅滩等重重困难的海域。12月到次年5月期间，这里风向以南风为主，可以从吉达向苏伊士航行；其他月份则刮北风，可从苏伊士向吉达航行。这时红海的南端正处在来势凶猛的季风中，尽管有阿拉伯天文观测仪和指南针等工具指引，从苏伊士到吉达的630海里航程，顺风也要花费15到17天，风向不好的时候要花费20到22天。所以咖啡最初是投机性很强的商品，除了咖啡豆的生长情况外，运输咖啡的船舶穿越红海时的危险程度等各种详细信息都会从吉达和苏伊士传到开罗，咖啡的价格也就据此上下浮动。有记载显示，1732年，由于遭受强风袭击，装了3000箱咖啡的12艘船沉没，咖啡瞬间就上涨到每50公斤35.5皮阿斯特的高位。

在此让我们想象一位伫立于开罗市场陷入冥想的男人。他既不是苏菲也不是朝圣者，而是从事咖啡买卖、自己经营着一家豪华"咖啡之家"的开罗豪商之一。他在暗暗思忖着怎样从越过沙漠和红海而来的商品——咖啡中谋取厚利。他既非诈骗犯也不是黑社会，买的时候，必须让卖家由衷相信是在等价交换的情形下买的，也必须在卖的时候，让买家真心相信是在等价交换的状况下卖的。做生意信誉是第一位的，撒谎和暴力之类的手段都是权宜之计，从长远来看起不到任何作用。但是，如果从最初的卖家到最后的买家始终贯彻等价交换的话，那介于其间的商人就没什么像样的利润可赚了。仅靠中介费是无法维持豪商地位的，更何况这也和资本的原始积累相距甚远。所幸的是通过商人的活动联系起来的团体之间各自拥有不同的价值观。既然通过商品交换结合起来的团体之间，价值观是不同的，那豪商必备的能力就是从价值观的差异中挤榨出利润。他们必须视野开阔，对价值观的差异了若指掌，明白伊斯坦布尔的托普卡帕宫中注入金杯银杯里饮用的咖啡是不同于阿拉伯半岛南端生活简朴的居民们生产出的咖啡的。在巨大价值观差异的前提之下，从各团体内部看来具有等价外观的咖啡才能够作为商品不断流通。

　　既然一定有利可图，那商品的运输就要尽量快捷，不要有什么节外生枝的事为好。所以开罗豪商需要进一步思考的问题还有很多。比如红海是多难海域，必须改良航海设备，需要更精良的指南针、更精准的地图，提高船员的素质，不能任由海贼一伙横行；还必须创办商船学校，引进基督教国家的航海技术；做生意是分秒必争的事儿，没有信息就运转不起来，所以还必须在红海沿岸的各个停靠点都设置联络员；要是也能预知气象条件就好了，咖啡这种商品的美中不足之处是过于受气象条件的左右，但这点也是其有趣之处。咖啡耐储存，因为其他谷物的大敌老鼠根本不动咖啡，所以即使长时间存放在仓库里，咖啡质量也不会下降太多。如果便宜时囤积，歉收时投放市场，自然就会财源滚滚，这也在豪商的盘算之内。

以上是我们凭空描绘出的"开罗商人"的构想，这绝不是阿拉伯商人所独有的想法。可以说，超越国家和文化的界限，处于资本原始积累期的国际商业资本家的共通想法都是：与国家权力相结合，只要有效，"万能的神"也是可以仰仗的，不过最好还是尽可能地不断追求理性，扩大商品交易网，利用各个团体之间价值观的差异谋取利润。这些国际商业资产家活跃的舞台就是东地中海沿岸（黎凡特）。

黎凡特商人

东地中海沿岸被奥斯曼土耳其帝国统一，其安定的政治形势促使商业繁荣。活跃于此的欧洲各国商人就是所谓的黎凡特商人，他们觊觎价格水平的差异，也参与到咖啡交易中来。在资本的原始积累阶段，海外贸易起到巨大的作用。从东地中海买人的商品，带着充分的利润空间在欧洲销售。咖啡也是一样的。17世纪末，马赛商人在开罗以1里弗购买的咖啡，在马赛能以三倍的价格出售；意大利商人在亚历山大以28—29皮阿斯特购入50公斤的咖啡，在里窝那以53皮阿斯特出售。对于欧洲商人来说咖啡是注定获利很大的商品。法国虽然在1714年、1715年分别购入了110万和115万公斤的咖啡，但这只相当于开罗从也门进口咖啡总量的16%~17%。开罗必须保证奥斯曼土耳其的帝都伊斯坦布尔、小亚细亚以及土耳其欧洲部分的消费，这相当于从也门进口到开罗的咖啡总量的一半左右，也就是250万公斤。可是欧洲商人的咖啡需求量很惊人，于是，1703年时，开罗的官吏开始禁止向欧洲出口咖啡，土耳其政府也多次禁止向欧洲出口咖啡。到1726年，光伊斯坦布尔的消费量估计就达到92.5万公斤，以至于不得不采取措施，要求在确保伊斯坦布尔的库存之后，才允许对基督教世界出口。

　　这里有一个不可思议的问题。从阿拉伯购买的咖啡运到欧洲销售时，欧洲商人应该遇到了不同于开罗商人的特殊问题。

虽说价格水平有差异，但对欧洲人来说，咖啡之类的本来就是见所未见、闻所未闻的东西，其需求本该为零。有记录说伦敦刚建起咖啡馆时，周边的居民向当局控诉咖啡馆散发出"恶魔之臭"而要求处置，可见在当时的欧洲人看来，说咖啡是"一文不值"都已经算好听的了。咖啡这个商品要想在欧洲打开销路，就必须设法让欧洲民众认可咖啡的价值。而价值不是单纯由商品的自然物理特性决定的，人的自然精神欲求也必须与之相匹配。既然人没有这种欲求，那就必须想办法创造出来。但是，要创造人的内在欲求，其实就是要改造人。咖啡是会让人上瘾的，这点不知是福是祸。采取类似欺骗的手段，让人喝过几次之后，内在的欲求就可能定型。但是，即使再花言巧语，欧洲根本就不存在像伊斯兰世界那样能支撑起咖啡商品意象的观念。所以必须先设法创造出如阿拉伯的"黑色渗渗泉圣水"一般能在灵魂深处引起人们共鸣的意象。于是，咖啡的相关观念就和欧洲各国既有的乃至正在形成的意识形态积极且迅速地结合在一起，逐渐结晶成千变万化的商品意象，也就是所谓的"理性的甜香酒""非酒精"等，并在各国观念形态中占据应有的位置。但无论是以什么形式，让咖啡这种新商品的价值固化为人的内在欲求，对此最为渴望的人应该是商业资本家。

荷兰商人

比起黎凡特商人，荷兰人特别是鹿特丹和阿姆斯特丹的商业资本家，他们参与咖啡交易的规模更大、范围更广。"福地阿拉伯"这一称谓带着边远地区的色彩。但是，边远地区往往是志在称霸世界的列强们的交锋之地。1536 年，奥斯曼土耳其征服了也门。印度航线的开辟、新大陆和西印度群岛等地理上的大发现，造成世界市场和通商航路的大变动，带来一场"世界市场革命"。也门的咖啡开始走向世界时，红海正是伊斯兰世界和欧洲基督教世界的连接点，葡萄牙和荷兰的三桅帆船出入其间，那里成了国际商战交锋的舞台。而荷兰是 17 世纪典型的资本主义国家，它的活动是很独特的。

摩卡的咖啡开始定期出口阿姆斯特丹是在 1663 年。但实际上，早在此之前，荷兰就已经正式参与到咖啡交易中了。荷兰参与交易的目的，不是供中国人饮用，而是向伊斯兰文化圈的其他地区出口。通过麦加和麦地那，有关咖啡的知识和习惯已经传播到印度和印度尼西亚等伊斯兰文化圈。向印度和印度尼西亚市场运输咖啡的，不仅有在麦加朝圣后穿越沙漠的驼队，还有海运的方式。而独占东印度航路的正是荷兰东印度公司。荷兰东印度公司成立于1602年，1642年时便已把3.2万公斤的咖啡运送到印度的加尔各答。吸引荷兰商人的正是价格差的魅力，从摩卡采购的商品在印度能高价销售，所以他们才会把"伊斯兰的葡萄酒"送达远方的穆斯林手中。

荷兰商业资本家的活动还有一个值得特书一笔的事情。咖啡的消费量不断增长，产地却只有也门，造成供不应求的局面，由此产生巨大的利润空间。阿姆斯特丹和鹿特丹的商人意识到比起买入咖啡销售，种植咖啡销售的利润更大，于是荷兰东印度公司就在自己的殖民地建起了咖啡种植园。

虽然早在1658年，荷兰东印度公司就已经在锡兰进行了最初的尝试。但是，荷兰咖啡的主产地却是爪哇。1680年，巴达维亚总督范·霍伦制订了在爪哇种植咖啡的计划，从摩卡要来咖啡树苗，从此香料之岛上咖啡也繁茂起来，这就是爪哇咖啡，从巴达维亚到阿姆斯特丹，产地直接运输。1712年，最初的一船货，894磅咖啡，在阿姆斯特丹和米德尔堡拍卖。没有阿拉伯商人介入的"殖民地咖啡"诞生了。咖啡种植迅速成为荷兰东印度公司收入的一大源泉，巴达维亚总督被大大称颂。爪哇咖啡的风味、色泽、香气在欧洲备受好评，很快确立起正

爪哇的咖啡树

牌咖啡的地位。从最初一船货之后的 15 年间，150 万磅的爪哇咖啡进入欧洲。1855 年，爪哇咖啡收获了 1.7 亿磅，席卷了欧洲和美利坚合众国的市场。

但是，自从荷兰商人以自主生产咖啡的方式，取代了以往从阿拉伯商人手上低价买入、高价售出的方式，咖啡就成了满载欧洲殖民主义黑历史的商品，开始成为近代社会的代表性商品，走上了改造自然和人类之路。

17 世纪的典型资本主义国家荷兰的做法是非常彻底的，而且也是合法的。荷兰东印度公司没有对爪哇的统治阶层采取暴力干涉的手段，反而和他们相勾结，用金钱从他们手中买下咖啡种植的各种权利。爪哇的统治阶层在保证一定的独立性之下，利用其权力、地位，让爪哇居民为荷兰种植咖啡。因为荷兰的殖民地统治对其权力阶层来说意味着巨大的利润。

爪哇的居民或是在咖啡种植园无报酬地劳作，或是被迫把自己农地的一部分用来种植咖啡。咖啡被以指定的价格卖给荷兰人，东印度公司1担（大概是125磅）支付4.5塔拉，但农民所能得到的却较少，最糟糕的时候只有2塔拉。有时1担的量不是以125磅，而是必须以180磅来交付，这之间的差额就是兼任殖民地官员的土地支配者的收益，据说1人年平均获益高达10万塔拉。殖民政府对这些不正当行为视而不见，只是让土地的支配者们每年缴纳2.5万塔拉的任官费。东印度公司则在法律上认可他们中饱私囊的行为。

商业资本是以贸易差额为生的。但是，荷兰在爪哇的所作所为是在利用文明水平的差异来获取巨大利润。"处于原始共产主义阶段的村落成了一个具有近代面貌的国家实行榨取、专制的对象，为其提供了绝好的、极其广泛的基础"（恩格斯）。资产阶级把世界汇总成一个世界市场。但是，这并不意味着世界飞升到了近代欧洲的思想、法律水平。殖民主义侵略扩大了当地居民的贫富差距，使"人民被迫停留在自然初期的蒙昧阶

运送咖啡的爪哇人

段"（恩格斯），而爪哇的咖啡种植园正好展示了这种机制的原型。

爪哇自古以来是稻米种植地带。欧洲人来了以后，把本来用于种植主食稻米的土地挪用于咖啡种植。第三世界国家面向欧洲市场生产产品，导致自身粮食结构性不足。中饱私囊的土地支配者们享受着高于欧洲水平的奢华生活，部分地区的普通民众却因连吃的大米都得不到保证而饿死。这种商品生产是禁止了自身使用的交换价值的生产。第三世界的基本产业结构是为适应欧洲的"消费欲望"而形成的，而且其商品一味地依赖世界市场，给国家自主性经济带来极大的困扰，造成了第三世界国家留存至今的问题。这就是为欧洲华彩绚丽的咖啡文明提供咖啡豆的生产者一方的原型。

咖啡绝不是一种"自然"的饮品。咖啡是"喝了就失眠"的，苏菲们之所以最先饮用咖啡，是因为咖啡能满足他们特殊的精神追求。就像大多数孩子不喜欢咖啡一样，一开始就喜欢咖啡的人很少。为了让咖啡有大量的消费需求，商业资本家必须从自然层面、精神层面打造出人们对咖啡的内在欲求。商业资本主义是使人和自然发生内在变化的幕后推手。为了增加新型饮料咖啡的消费，财大气粗的商人们建起豪华的"咖啡之家"，演示咖啡的饮用方式，对人内心精神进行加工，固化其对咖啡的欲求。

商品一旦固化了人的内在欲求，就开始着手改造外部的自然。因为外部的自然不适应人类新产生的欲求的扩大。不论是原始森林，还是种植其他食物的农田，为了适合咖啡生产，都必须重新改造。不久之后，咖啡文明进一步发展，一边庆祝着先进资本主义各国筹措的"资本先生"和西印度群岛、中南美、非洲等"大地女士"的联姻，一边推动着人和大自然的改造。

而从事咖啡生产的大多数是黑人，是离开自己的故乡、自己的家人、自己的语言，彻底割裂作为人的一切自然要素，被运到遥远异乡的奴隶。

从传说诺亚当初落脚的也门山中开始的历史看来是不可能成为一部"救济史"了。

第三章

咖啡馆

和

市民

社会

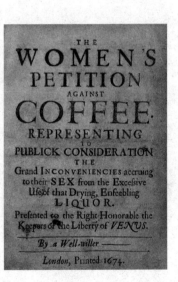

宣传册《妇女抵制咖啡请愿书》的封皮

伦敦
1674 年

咖啡馆和公众性

1652 年，伦敦街头的一角诞生了一家咖啡馆，建造得很粗糙。但是，其粗糙的空间孕育着伟大的未来，在这一点上能与之相比的，只有耶路撒冷的马厩了。

关于伦敦最早诞生的咖啡馆，有很详细的记载。达尼埃尔·耶德华兹是一位活跃于黎凡特舞台的商人，他从土耳其西部的士麦那回国之际，把生于西西里岛的仆人帕斯卡·罗杰带回了国。罗杰每天早上都为主人冲泡咖啡，这一新奇的习惯引起很多朋友的好奇。耶德华兹为了满足朋友们的好奇心，需花费整整半天的工夫陪他们聊天，为了不再浪费时间应酬这些朋友，他让罗杰开了一家咖啡店。罗杰的宣传广告是这样的：帕斯卡·罗杰首次在国内面向公众制作和销售咖啡。

罗杰作为推广咖啡的先驱，面临种种困境。附近酒吧的

17 世纪英国的咖啡馆

店主们唯恐新来的商家生意兴隆，就指控罗杰不具有公民权，陈请政府部门要求关闭他的店铺。郝吉斯是伦敦市参事会的议员，曾经做过黎凡特商人，他让自己的车夫鲍曼去和罗杰共同经营，试图以此种方式来解决此事。后来罗杰由于"违背情理的行为"（具体情况不明），不得已离开了伦敦，店铺就成了鲍曼个人所有，于是鲍曼花 6000 便士改装了店铺。罗杰离开伦敦后活跃于欧洲各大都市，不断宣传咖啡文化，他是异邦国民的早期典型代表，一旦咖啡扎下根就难以被忘却。总之，伦敦的咖啡馆数量很快就呈爆发式增长，1683年达到3000家，1714年达到约8000家。那么，咖啡馆文化繁荣的原因何在呢？

　　罗杰咖啡馆的广告里写着解答此问题的关键词语，那就是"公（publicly）"一词。这里所说的"公"是指什么呢？既不是指向斯图亚特王朝的宫廷进献咖啡，也不是指政府公费给百姓提供咖啡，而是指伦敦正在逐渐形成的一个公众的世界，一个市民性的公众世界，也就是市民社会。与其说是罗杰，倒不如说是耶德华兹在这个新兴公众世界的正中心加入了咖啡馆。"向公众销售咖啡"，这句广告词堪比伊斯兰世界的"黑色渗渗泉圣水"，是非常抓住人心、时机恰到好处的语句。

　　古典时代，私人领域和公家领域是截然分开的。内部是以灶台——灶台女神维斯塔镇守的地盘为中心的叫家（oikos）的生产领域（oikonomia），外部是都市国家的公家、政治性领域（polis）。但是家的生产领域日趋庞大，通过扩大超越私人领域的经济活动（economy），形成与家的共同体和公家领域都截然不同的人的结合，这就是近代市民社会（society），于是原有的公私区别就变得不明确了。当然，今天通过扩充各种政治制度和公共设施，"公"已经基本形成和"私"明显不同的

The Vertue of the *COFFEE* Drink..

First publiquely made and sold in England, by *Pasqua Rosee*.

THE Grain or Berry called *Coffee*, groweth upon little Trees, only in the *Deserts of Arabia*.

It is brought from thence, and drunk generally throughout all the Grand Seigniors Dominions.

It is a simple innocent thing, composed into a Drink, by being dryed in an Oven, and ground to Powder, and boiled up with Spring water, and about half a pint of it to be drunk, fasting an hour before, and not Eating an hour after, and to be taken as hot as possibly can be endured; the which will never fetch the skin off the mouth, or raise any Blisters, by reson of that Heat.

The Turks drink at meals and other times, is usually *Water*, and their Dyet consists much of *Fruit*, the *Crudities* whereof are very much corrected by this Drink.

The quality of this Drink is cold and Dry; and though it be a Dryer; yet it neither *heats*, nor *inflames* more then *hot Posset*.

It encloseth the Orifice of the Stomack, and fortifies the heat within it's very good to help digestion, and therefore of great use to be hour 3 or 4 a Clock afternoon, as well as in the morning.

uen quickens the *Spirits*, and makes the Heart *Lightsome*.

'Is good against sore Eys, and the better if you hold your Head over it, and take in the Steem that way.

It suppresseth Fumes exceedingly, and therefore good against the *Head-ach*, and will very much stop any *Defluxion of Rheums*, that distil from the *Head* upon the *Stomack*, and so prevent and help *Consumptions*, and the *Cough of the Lungs*.

It is excelent to prevent and cure the *Dropsy*, *Gout*, and *Scurvy*.

It is known by experience to be better then any other *Drying* Drink for *People in years*, or *Children* that have any *running humors* upon them, as *the Kings Evil*. &c.

It is very good to prevent *Mis-carryings in Child-bearing Women*.

It is a most excellent Remedy against the *Spleen*, *Hypocundriack Winds*, or the like.

It will prevent *Drowsiness*, and make one fit for busines, if one have occasion to *Watch*; and therefore you are not to Drink of it *after Supper*, unless you intend to be *watchful*, for it will hinder sleep for 3 or 4 hours.

It is observed that in *Turkey*, where this is generally drunk, that they are not trobled with the *Stone*, *Gout*, *Dropsie*, or *Scurvey*, and that their Skins are exceeding cleer and white.

It is neither *Laxative* nor *Restringent*.

Made and Sold in St. *Michaels Alley* in *Cornhill*, by *Pasqua Rosee*, at the Signe of his own Head.

罗杰的宣传广告

结构。可是在 17 世纪中叶，这些近代市民社会的各种制度还不存在。这个时候，咖啡馆正好起到了一个熔炉的作用，熔化了以往的公私关系，铸造起崭新的近代市民社会的公私关系。

英国是一个商业资本主义国家，与荷兰竞争海上霸权。英国商人们积极从事和印度的香料列岛，西印度群岛，南、北美大陆等的远距离交易，肩负着重商主义的时代。商业活动中，商人必须通晓世界各地的诸多信息。但是，在 17 世纪中叶的英国，获得信息的途径只有政府发布的报纸，可那点儿信息起不到多大作用。于是商人们就渴望发行满载热点信息的报纸，那就办报纸吧，可是办报纸缺少场所，于是就利用起了咖啡馆。

还有一个途径能获取最新信息，那就是信件。但是，当时还没有完备的邮政制度。虽然英国于 1678 年建立了国家邮政制度，但是对信件的投递，实在是敷衍了事，人们渴望建立更值得信赖的邮政制度。1680 年，罗伯特·穆雷创建了 1 便士邮政制度，这种私人的邮政制度依托咖啡馆来组织信件和报纸的发送、投递。其方式是在咖啡馆里挂个袋子，想寄信的人就把信件放到那个袋子里，定时进行收揽、投递。国家也在 1683 年导入了这种方式，指定了特定的咖啡馆充当邮局。海外邮政也是一样的，比如牙买加咖啡馆就和牙买加贸易有很深的关系，在那里不仅能打听到出港和货物的信息，还兼带邮局功能，投递寄往牙买加的信件。后来当英国邮政总局想要废弃这些特定咖啡馆时，遭到咖啡馆的反对，很长一段时间里毫无办法。最终于 1799 年，先从海外邮政中取消了咖啡馆，直到 19 世纪中期的 1840 年，才从国内邮政中取消了咖啡馆。

商人虽然了解世界各地价格水平的差异，但不能任意制造价差。和产业资本不同，并不是直接压榨劳动者；也并不像专制君主那样，行使行政权力，强迫劳动者生产。要说到商人们的武器，也是唯一的武器，就是金钱。要筹措金钱就会想到买卖股票，但是当时还没有股票交易所，于是就利用起咖啡馆。1690 年左右，皇家股票交易所成立了，但是却不能为所有股票交易提供足够空间，于是附近的咖啡馆补充了不足部分的空间。1697 年，以股票交易而著名的乔纳森咖啡馆雇用了专门的证券经纪人，接受顾客的咨询，给顾客出主意。还有像弗吉尼亚－波罗的海咖啡馆这类以船舶股票交易为主的咖啡馆。当时也没有商品交易所，于是还出现像谷物中介一样充当着谷物交易所的咖啡馆。

海外活动都伴随着风险，于是就有了保险的需求，但是保险在当时也是没有的，必须在什么地方办起来，自然也是咖啡馆了。时代需要准确而迅速的信息和有关远程交易的事故赔偿。最初，爱德华·劳埃德在塔街经营以船员和游客为对象的咖啡馆，1688年左右，他把店铺迁移到伦巴第街之后，作为服务顾客的一环，发行了《劳埃德新闻》（1696年），把希望加保险的船舶列了个清单。在那个时代，保险因为是个体保险业人士在承办，所以风险很大，正因如此，就更需要准确的信息。劳埃德编的《英国及外国船舶一览》带来了很大的反响，之后劳埃德以可信而准确的消息为卖点，为成为世界最大的保险公司奠定了基础。后来《劳埃德新闻》变成了《劳埃德船舶日报》。在英国主要港口都部署了劳埃德通信员，他们把准确记载了入港船舶、船货信息的一览表邮寄过来。署名"劳埃德"的这个一览表，其收件人是邮政大臣，所以邮政税免除，一览表一寄到，就立刻交给咖啡馆的信使。在这份一览表的基础上发行的报纸《劳埃德船舶日报》，使劳埃德咖啡馆的顾客可以比其他人早数小时得到信息。据说邮政总局提供这样的方便，一年要征收200英镑的维持费。1791年，人们普遍觉得这种做法欠妥，认为邮政总局没有理由从咖啡馆这种小地方敛钱。不过话说回来，这个时候的劳埃德咖啡馆也早已不是连这么点负担都承受不了的公司了。

劳埃德咖啡馆

　　总之，17世纪后半期，万事都不具备的英国只能白手起家，不断地创建这些没有的东西，而这一切都利用了多功能的屋子——咖啡馆。当时的伦敦是世界交易中心，大英帝国的船舶直达印度、西印度群岛，真正是航行在各大海洋。那些身居英国国内的人们，又该如何参与世界贸易呢？当时并不是在桌边等传真就行的时代，因为基本上还不存在事务所。要说他们待在哪儿，那就只有咖啡馆了。只要一杯咖啡就能在咖啡馆里泡几个小时，这比贸然付租金租事务所省钱得多，只要让大家知道自己所待的咖啡馆在哪儿就可以了。咖啡馆里万事俱备，既有满载最新信息的定期刊物、邮件，又有股票经纪人、各界消息灵通人士，可以说上层的精英们都聚集到了咖啡馆。

　　但是，以上还不是咖啡馆的全部性质。伦敦咖啡馆的特征，也是咖啡馆的另一重性质，就是咖啡馆在不断地成长为一个公众舆论形成之地。远程贸易虽说利润大，但也暴露在各种各样的风险之下，为了预防风险，就需要强大的武力，这意味着要加强国家税收，以创建并维持庞大的军队。在此背景之下，王权和巨头垄断商人紧密勾结，近代化国家逐渐完善。

　　不久商业资本和产业资本的矛盾激化。当时的贸易是用白银来支付的，形成了掌控白银就能把控世界贸易的局面。立于压倒性的优势地位的当属西班牙，因为墨西哥和秘鲁是西班牙的殖民地，而这两地的白银产量占世界的 90%，但西班牙的霸权地位没有持续太长时间。包括墨西哥和秘鲁在内，南、北美洲的殖民地想用白银交换的是毛织品，因此，拥有强大的毛织品产业的国家就能掌控世界贸易。也就是说，羊是决定胜负的关键。需要羊的状况已然不是牧歌式的了，当时上演着"羊吃人"的场景，农民成了牺牲品，因"圈地运动"他们被赶出土地，成为雇佣工人。随着毛织品工业的机械化，拉开了产业革命的序幕。

商业资本试图扶植国内的毛织品工业。但是，对于商业资本家来说，价格差是关键。产品的价格必须压到最低，而对此产业资本家非常不满。17 世纪的英国，是产业资本对商业资本发起挑战并获取优势的时代。巨头商业资本与王权深深勾结，产业资本向其发起挑战，这种斗争的特殊性阐释了伦敦咖啡馆的特殊性质。

王权和巨头商业资本占据着以往的"公家世界"。而产业资本是"民间人士"，是没有资格行使公权的人，在此意义上，产业资本都是远离公权的个人，是"还处于零起点"的第三阶级。但正是他们向王权和商业资本发起挑战，展开斗争。为了追求

伦敦咖啡馆

产业资本的利益，他们只能向与既往的"公家世界"不同的"公众世界"申诉。产业资本主义的倡导者们把泡在中世纪"公共浴场"温水里的公众从浴缸中赶出来，动员他们参与到近代权力体系中，对抗王权和政府的公权。但是，即便是想动员，英国当时还是一无所有的时代，报纸、收音机、电视、信件广告、电话，什么都没有，只能通过宣传手册和街谈巷议。商业资本和产业资本的意识形态对决取决于如何把公众拉进自己一方，因为公众会做出判断和批判，正逐渐变成崭新的权力要素。正是在这个时候，新型的公众制度——咖啡馆诞生了。

按公众舆论的导向来行事，这一点是近代市民社会和作为其政治形态的国民国家的理念。公众的议论被称为"舆论"，是崭新的权力要素。"Parliament（议会）"从其词源来看，首先是"聊天的地方"。咖啡馆作为公众向公权提意见的场所，必然带有私设议会的性质。有号召力的人掌舵各个咖啡馆，起到替顾客整体的利益得失、关心之事代言的作用。最为著名的咖啡馆是Turk's Head，或用其店主之名叫迈尔斯咖啡馆（Miles's Coffee House）。这个咖啡馆里有一个私设议会，自称为"罗塔俱乐部"。创建者是詹姆斯·哈林顿，他模仿托马斯·莫尔的《乌托邦》，写了《大洋国》。作为一个共和主义者，哈林顿认为议员应当适时地轮换。1659年，他在迈尔斯咖啡馆创建了"罗塔俱乐部"，每晚都举办集会。为了方便侍者上咖啡，他把咖啡馆中间做成过道，椭圆形的桌子就是"私设议会"的会场。桌子上设置投票箱，重要事项由投票来决定。讨论的议题诸如神是否是理性的存在？霍布斯是否愤世嫉俗？处死国王是对是错？而咖啡馆里关于处死国王正确与否的议论真正变成现实，还必须经历 120 年的岁月，等到巴黎雅各宾党的煽动性咖啡馆的出现。

"咖啡之家"在伦敦扎下了根，作为公众舆论场所，不断孕育出可能对当时的公权造成致命威胁的因素。

"咖啡馆正在不断成为谋反和谣言的温床。给公众带来不快，世界上任何一个政府都不能安然坐视不管。"

"咖啡馆里的放肆对话，形同造反、背叛"，让政府看不下去了。这种政治性咖啡馆的代表有辉格党聚集的圣詹姆斯咖啡馆和士麦那咖啡馆，托利党的集结之地怀特咖啡馆和可可树咖啡馆。为了清除咖啡馆的政治性影响力，政府使出了激进的手法。1675 年 12 月 29 日，政府以总检察长威廉·琼斯之名发表声明，下令关闭咖啡馆。

　　近年，在王国、威尔士、苏格兰经营的很多咖啡馆里，一些懒惰且不知足之辈频繁涉足，众多的小商贩及其他人等在此蹉跎了很多本该尽忠职守的时间，不仅如此，这些咖啡馆还捏造、散布出种种虚假、中伤性的丑恶报道，蔑视陛下的政府，扰乱王国的治安。因此，将在明年 1 月 10 日关闭所有咖啡馆，……严厉处罚零售咖啡、可可、苏打水、红茶的行为。

政府关闭咖啡馆，无视咖啡馆作为舆论形成中心是如何成长为权力要素的，想凭借一纸声明就将其从社会上彻底清除。其结果当然是各党派团结一致，反对这个"令人厌恶的法令"，于是政府赶紧改变决定。不过，也不能一味地说这个声明就是愚蠢的。咖啡馆店主们的生活受到威胁，他们提交了请愿书，保证"今后充分留意店内不忠不义的对话"。政府至少达到了预期目的，即预防咖啡馆过度充斥反政府的传单和书籍（法国大革命时期，法国当局正是败于此点。巴黎的煽动性咖啡馆成为反政府的鼓动性传单、讽刺画、理论报刊传播的温床）。之后，大英帝国的咖啡馆比之前更热闹了。咖啡馆的兴隆对于国家税收来说也有非常可喜之处，1 加仑的咖啡，国库就进账 4 便士，据说一间咖啡馆一年的营业税是 12 便士。积土成山，咖啡成了国家重要的财源。咖啡馆作为批判国家的自由争论之所，开始了与国家步调一致地"两人三足"。

有首诗这样赞美咖啡和咖啡馆：

各持己见的人们，令人喘不过气的地方。

就该允许言论自由，

这正是咖啡馆，除此之外，还有何处，

能如此自由地交谈。

咖啡(coffee)和共和国(commonwealth)都是以 co 开头，

为了改革手拉手，

让我们成为自由而觉醒的国民。

自由而觉醒的国民

　　罗杰咖啡馆建成时，正逢英国资产阶级革命的最高潮。1640 年，英国资产阶级革命爆发，1649 年，废除王位，实行了和咖啡一词押头韵的共和制。1651 年，克伦威尔政府废除航海条令，以海上霸权为赌注，打了第一次英荷战争（1652—1654 年）。当时，反革命的势力很活跃，无论国内国外，整个社会动荡不安。巨头商人和工业资本经济利益对立，由此产生了保皇派和议会派意识形态的对立，开始向作为"裁判"的公众申诉。咖啡馆从一开始就刻着时代的烙印而诞生，这个时代所需要的是精密分析来自国内外的信息，做出理性判断的能力。

英国资产阶级革命

　　英国资产阶级革命和之后的王权复辟时代确立起的近代市民社会的公众制度——咖啡馆以及咖啡商品形象，和 sober Puritan（严谨的清教徒）意识形态有很深的内在联系。咖啡是在伊斯兰教苏菲的精神庇护之下诞生的，其特征是某种独特的陶醉——觉醒式的陶醉。咖啡的此种商品特性至少构成了资本主义基本伦理的一部分。毋庸置疑，冷静、觉醒派的清教徒是非常喜欢这一点的。

　　在严谨的清教徒时代，最先受到攻击的饮品就是酒。实际上在咖啡、可可、红茶等非酒精饮料进入欧洲之前，欧洲居民每天消费酒精饮料的数量是超乎想象的。比如啤酒，在17世纪的一般家庭，男女老少，包括幼儿在内，每人每天平均消费3升啤酒。当然这只是消费量，并不是单纯的饮用量，啤酒也用于做汤和咸菜，即便如此，这个量也是令人吃惊的。有一种说法是，原本"啤酒"这一名称来自拉丁语俗语（boire），表示"喝"的意思。如果真是这样的话，那"喝啤酒"就成了牢不可破的同义反复的表达方式。而"（谨慎地）喝咖啡"等表达方式，虽然说不上是语言误用(阿拉伯语表达为"摄取咖啡")，但不可否认，给人一种尴尬的新来者之感。咖啡的历史就是和酒竞争的历史，"来历不明"的咖啡要侵占本土酒的地盘，这在各国都遭到了强势抵抗。比如在啤酒帝国的德国，直到20世纪，咖啡馆才和政治产生关联。令人遗憾的是，在此之前，阿道夫·希特勒因在啤酒之都慕尼黑的一个大啤酒馆制造了"啤酒馆暴动"，名声大噪，大多数国民都被他的激情所感染，最终甚至达成甘愿献身于民族主义共识。但是，英国人以"绅士"之风而著称，和德国人不同，他们早早就认可了咖啡的"功能"，努力打造"自由而觉醒的国民"。

　　在英国，咖啡离奇的陶醉作用没有被怀疑为葡萄酒。相反，咖啡正因为杜绝了酒的弊病而大受欢迎。拥护咖啡的首先是医生。威廉·哈维是血液循环规律的发现人，也是詹姆斯一世和查尔斯一世的御医，他死前，以每月召开一次咖啡聚会为条件，把56磅的咖啡遗赠给伦敦的医师朋友们，大概是因为他坚信咖啡会加速血液循环才这么做的吧。

　　17世纪50年代，咖啡馆星星点点开始建起来，1656年，一群愚人因从某个咖啡馆飘出"恶魔之臭"而涌到法庭要求惩处，但与此相反，皇家社会的精英们却针对咖啡展开学术研究，医生们大肆宣传咖啡促进健康的功效。当然这也牵涉利益问题。咖啡基本上是被当作药品的，医生故意把咖啡和调料、草药，后来还和化学药品混合在一起，强调其药品属性进行推销。

　　不久之后，咖啡一举成为"万能特效药"。早晨一杯咖啡促进血液循环、消除瞌睡、防止眼睛发炎、解渴等还基本说得过去。但是，任何时代都会有狂热分子，很快咖啡被当成包治百病的药物，能治疗痛风、败血症、偏头痛、哮喘、膀胱麻痹、抑郁、神经紊乱、歇斯底里、月经不调、微阵痛等。当然人们也在不断强调咖啡的醒酒、戒酒的作用。即使是有见地的话，也往往要经过一番添油加醋才能触动人心，当时甚至出现了说咖啡与牛奶一起饮用会使皮肤长肿包这种无厘头的传言。尽管如此，咖啡还是传递到无数嗜酒人士混沌的意识中。不知是幸还是不幸，巧还是不巧，如果从阿拉伯传来黑死病，那伦敦市民就会胸前挂着牌子，上面写着他们仅知道的一句阿拉伯语咒语"阿布达卡达布拉"，战战兢兢地来到咖啡馆，沉迷于互相交换如"咖啡有助于预防"等信息。试图用黑色液体来对抗黑死病，也是在期待着咖啡能具有免疫功效吧。

市民英语会话教室

　　咖啡馆是新生事物诞生的马槽，近代市民社会的很多制度在此酝酿。但是咖啡馆也是把出入其间的人们向着近代市民社会进行改造的场所。咖啡被认为是使人清醒、使人理性、让人喋喋不休的饮品。当然真正的因果关系正相反，吸引人们的与其说是叫作咖啡的黑色苦涩饮品本身，倒不如说是新兴的"公众场所"的魅力，真正的商品其实是信息。总之到了下午6点，咖啡馆里就顾客盈门。与人见面、聊天、欢谈，人们在工作之余聚集到咖啡馆来的最关键的目的是倾听政治上的新闻，商谈和研究重要事宜。从漂亮的玻璃提灯照射的入口进去，房子一般有两层，面向街道。进去时，房间角落的吧台里有一位性感的女郎，要摘掉帽子向她打招呼问候。顺便说一句，在阿拉伯的咖啡馆里，招揽客人、努力工作的都是美少年，而在这里却是美女，这大概是因为国情的不同吧。

在吧台美女前逗留过长时间是没有见识的行为，要适可而止地走过。进到里面就是自由的空间。墙上贴着各种通知和公告，神奇的特效药、巡诊医生的诊察时间、丢失物品和失物招领的通知、特殊事件和劝诱投机生意等等。房屋的正中央摆放了一张长桌子，上面放着宣传册和报纸，可以坐在长椅子上阅读，如果对聚集在各处的人们的话题感兴趣的话，也可以去倾听。如果有想说的话，也可以发言。资产阶级革命之时，迂腐的、不开口说话的人们可能从咖啡馆感受到了崭新时代的气息。而且在咖啡馆里进行的讨论不同于公共浴场、教会和剧场里的聊天，甚至可以作为公众意见，具有舆论的力量。

咖啡馆的主体氛围是民主主义精神，崇尚让那些"持有不同判断的人们"有言论的自由。在咖啡馆里，没有人在意哪儿是上座。墙上张贴着在咖啡馆内要遵守的"规则和礼仪"，开头部分是表示欢迎的内容，后面规定了咖啡馆里的一些规则，诸如即使有地位高的人到来，也没有必要让座位。

咖啡馆虽说是自由随意的地方，但有一项重要的规定，那就是要从陈旧、封建的百姓身上挖掘某种能力，为打造近代市民阶级发挥巨大力量，说的就是会话能力。虽说各色人等汇集咖啡馆谈天说地，但是，在 17 世纪，当时的伦敦市民并非都懂得该怎样会话，到处乱说些家里夫妇吵架之类的"芝麻琐事"。"规则和礼仪"规定了在咖啡馆里应该避免的不谨慎行为，除了禁止打扑克和玩色子之外，谩骂和吵闹也是需要加以劝诫的。不具备公众舆论会话能力的人，在近代市民社会是不受欢迎的。这是个保持沉默就会受到轻视的社会。

在培养叫作"conversation"的市民社会中所必需的技能方面，17 世纪的咖啡馆起到了历史性的作用。从前，人们说到会话场所，想到的是舞会、剧场、公园、日场演出、晚会等，总而言之是上流社会的社交场所。与这些传统的场所相比，咖啡馆会话的特殊性就在于取消了身份限制。身份高贵的人不抵触和身份远低于自己的社会阶层的人亲切交谈。客户层的多样化正是咖啡馆的魅力所在，只有这样，才能从社会局势、政治动向、生意走势到文学艺术等方面，展开千变万化、料想不到的会话和讨论。宫廷社会式的慢吞吞和过分正经是行不通的。在咖啡馆里，信息的内容、会话的速度、沟通是起决定作用的。咖啡馆也是教授会话技巧的教室，帮助人们适应繁忙的商务社会。

　　会话反过来影响思考，让人们领悟新时代的精神。那些颂扬时代精神的作家们是咖啡馆的常客，有几家咖啡馆因为著名诗人的光临而扬名。比如德莱顿、蒲柏和斯威夫特出入的威尔士咖啡馆、艾迪生咖啡馆，因斯蒂尔的道德周刊《闲谈者》《旁观者》的发行而著名的巴顿咖啡馆和圣·詹姆斯咖啡馆等。从17世纪到18世纪，咖啡馆占据了文学人士生活的中心，同时它也是创造"读者层"的据点，这个"读者层"肩负着重要的引导作用，将推动市民社会的居民提升为能进行判断和批判的公众。这个"读者层"首先指的是"那些优秀市民，比起自己家，他们更多的时间是在咖啡馆里度过的"，他们学习用简洁的文章申述意见，这是因为"耳朵做不到像眼睛那样阅读很长的文章"。在咖啡馆，他们通过交换意见，掌握了形成自己公众性见解的技能。

　　通过倾听别人的意见来形成自己的意见，这比通过读书来培养自己判断力的人更优秀，本来是无论如何不能这么说的。但是前者富于灵活性、优于敏捷性、充满社交性，一言以蔽之，即毋庸置疑是符合时代的类型。

　　总而言之，近代市民社会把血液循环快当作优点，咖啡促

英国咖啡馆中的辩论

进血液循环，是这个时代再合适不过的饮料。大英帝国的商船
航行在全世界的海洋，以商都伦敦为中心，开始全球规模的商
品循环和货币循环，议员也被要求轮换，商务人士们奔走在咖
啡馆间，咖啡馆里的服务生游走在餐桌间，服务生体内的血液
也在忙着循环，这是一个认为所有东西都应该转动起来的时代。
但是时代也是转动的，不知什么原因，红极一时的咖啡和咖啡
馆悄然被甩下了时代转动的车轮。

煮沸的煤烟子的败退

　　大约半个世纪，咖啡馆都占据着伦敦市民生活的中心位置。
但是，到了 18 世纪中期，咖啡馆的数量却急剧减少。据统计，
1714 年约有 8000 家咖啡馆，到了 1739 年，减少到了 551 家。
咖啡馆的衰退可以举出各种理由，原因之一可能是咖啡已经
尽其所具有的社会性功能吧。虽说咖啡馆有自由且民主的氛围，
但从长远来看，它只不过起到了向俱乐部过渡的桥梁作用而已。
原本公开性的咖啡馆因各自顾客层的固化，不得已向封闭性的
俱乐部演变。虽然是"封闭性"的，但不难想象，比起被不明
事理的陌生人扰乱的不快，志同道合的人们聚集在一起要舒适

得多吧。特别是与政治、文学相关的，那些心胸不够开阔的人就更是如此。他们把定期聚会的地方定在了封闭式的俱乐部，而且用吃饭取代了喝咖啡。18 世纪末，俱乐部的数量达到了一个世纪前咖啡馆的数量。当时存在各式各样的俱乐部，比如丑人俱乐部、猎人俱乐部等，后者的会员都在狩猎中有过折断肋骨和锁骨的经历，会长据说是折断了脖颈、一味等死之人。论团结的程度，咖啡馆是无法与俱乐部相提并论的。

　　这个时代，咖啡馆向俱乐部转变，进而又出现了一个重要变化。人们逐渐远离咖啡，开始转向了红茶。有一种说法是"为什么英国人是激情红茶党，喝了他们的咖啡就知道了"。但是咖啡难喝并不是其本质原因，因为据说"英国人是能把好喝的红茶也弄得难喝"的民族。总而言之，虽说只是饮料，但爱好问题总是与社会整体相关，无疑是个很麻烦的问题。有一个不可忽视的情况，那就是英国在亚洲建立了出产茶叶的殖民地，从商业政策上来说，必须打开国内红茶的销路。但也并不是因此疑问就完全解答了。因为后来英国和荷兰一起控制了咖啡贸易，给欧洲大陆供给了大量的咖啡，但英国人依然不喝咖啡。

　　是什么让英国人远离咖啡和咖啡馆的呢？在思考这个问题上，有一个可供参考的文献。那是 1674 年出现的一本奇妙的宣传册，是因为家庭主妇们一致反对咖啡而刊行的，她们因丈夫们出入咖啡馆而大发脾气，正式的标题是《妇女抵制咖啡请愿书》。由于过度饮用咖啡，造成男人们身体衰弱，影响妇女们的性生活，呼吁公众思量。这本 6 页的宣传册，以"老婆式的写实主义"风格，描绘事态，准确地表达了在伦敦咖啡和女性的关系，所以在此不厌内容的露骨，想多少做以详细深入的探讨。请愿者是"数千名善良圆脸蛋儿的妇人"，在向她们的守护神维纳斯祈求保佑之后，述说道：

英国曾经是女性的乐园，这是英国的荣耀之一。而且女人们爱慕强壮的男性。

我们理解的荣耀就是丈夫充沛的活力。以前我们的丈夫在基督教界被评价为最有能力的舞台艺术家。但是，令人无法道尽的悲哀是近些年，我们眼看着英国自古以来的活力在逐渐衰微。

我们也读过，西班牙皇太子是怎样被迫制定某个法的。这个法规定丈夫们温存他们的妻子一晚上不能超过 9 次。啊，进步的日子已经远去了。懒惰的小木偶们，现在比起马鞍更想要马刺。对我们来说，他们有他们的义务，但他们根本完成不了我们的期待。

这难以忍受的灾难只能归咎于咖啡，那不祥的、异教徒的饮料。咖啡夺走了至真至纯的宝物，干涸了最根本的水分，阉割了丈夫们，进而也伤害了对他们最温柔的恋人们。咖啡这个祸害，就如同它来自的那片沙漠一般，让男人们阳痿、老态龙钟，成为不毛之地。

表述方式多少有些露骨，但我们要理解，这是宣传册的撰写人愤慨之情的表露。总之，根据《妇女抵制咖啡请愿书》的主张，咖啡让强壮有力、干劲十足的英国后裔"弱小得像猿和俾格米人"，还有"弱化自然的有毒作用"。最让她们难以宽恕的是丈夫们频繁光顾咖啡馆涉足女性的特权——闲聊，在喜好聊天这一点上，眼瞅着就要凌驾于她们之上。丈夫们在咖啡馆"简直就如同群聚在水塘边的青蛙一般，啜饮着像泥一样的液体，发出毫无意义的声音"。如果说咖啡浓缩了沙漠的负面形象的话，那咖啡馆就和咖啡发祥地非洲一样，是个各种动物聚集，产生奇谈怪论和愚蠢行为的场所。话说回来，就算是为了装一个像那么回事的政治家，丈夫们也表现得很没出息，要说谈论的最重大话题，不过是"红海的水究竟是什么颜色的？""土耳其的皇帝是路德派还是加尔文教徒？""该隐的义父是谁？"等。而且用于说服他人的武器，也不再是昔日那强有力的肢体语言，只用女人们擅长的武器——舌头。

狠狠地愚弄了咖啡和咖啡馆之后，"老婆式的写实主义"将矛头指向了丈夫们大加赞誉的咖啡的效用。说咖啡使人清醒，那是骗人的，因为据她们的"卑鄙实验"证明丈夫们"那之后非常安静地睡着了""丈夫们喝了咖啡之后还是直不起腰来"，所以说"煮沸的煤烟子"有醒酒的作用，完全是无稽之谈。咖啡馆的作用也很可疑。说是在咖啡馆见朋友，谈论新闻之类的，归根结底，"丈夫们既不明白这些新闻也与这些新闻无关"，只不过是装模作样罢了。总之，她们想说的是"公众性蒙昧了一切"（海德格尔）。《妇女抵制咖啡请愿书》最后的结论是"今后，60岁以下的所有成年人严禁喝咖啡，否则严惩""推荐在乌托邦全境普遍饮用啤酒、鸡尾酒、甘露酒、马拉加白葡萄酒和可可"。

以上我们连篇累牍地介绍了这个《妇女抵制咖啡请愿书》，是因为其内容作为历史性的珍贵资料，弃之不用就太可惜了。我们没必要探究这份《妇女抵制咖啡请愿书》是不是真的经由女性之手写成，可以推断它要么是出入咖啡馆的乌托邦狂热文人的胡言乱语，要么是在酒精饮料业界授意下，精心策划写就的。之所以这样说，是因为咖啡在欧洲各国普及之时，受到直接损害的定是当地的制酒产业。不仅是制酒业，更严重的问题是给农业带来打击。在另一份宣传册里谈到了这之间的关联。

> 咖啡馆多次阻碍了大麦、麦芽、小麦等我国农产品的销售，压制了这些粮食的价格，还有土地的地租，这很可能给佃农带来毁灭性的打击，为什么这么说呢？因为佃农卖不出去粮食。农作物没有销路就无法支付地租，结果就很可能让土地所有者破产。

总而言之，"数千名善良的圆脸蛋儿的妇人"的丈夫们，作为一介微不足道的市井小民，参与还不习惯的讨论，争论了"红海的水究竟是什么颜色的"。不容忽视的是，这种会话练习游戏帮助英国人培养起了形成"基于理性的舆论"的能力，而"基于理性的舆论"正是他们解决近代市民社会利益关系冲突的判断标准。比如就像在别的宣传册里说道，"微不足道的小商贩和匠人之流，他们一整天聚集在咖啡馆，听新闻，谈政治"，如果要以此为由反对咖啡馆的话，就是没有理解近代市民社会的民主主义理想。但是要是从女性一方来看的话，咖啡馆制度让人担心的问题有两点。一个是经济性的问题。一旦进入咖啡馆里，就要一屁股坐三四个小时，要是结识了新朋友之类的，就又要耗费两三个小时，其间自己那份薪资微薄的职业就一直搁置不顾。一个便士就能泡那么长的时间，而且可以获得许多知识和信息，可能很多人会认为再便宜不过了。实际上，咖啡馆也被叫作"一便士大学"。的确，想想大学的课时费那么贵，这还真是很便宜，所以可能有人认为受益者的付出是理所当然的。但是，问题是在17世纪后半期1便士具有多大的价值。《妇女抵制咖啡请愿书》里申诉说如果有2便士就能维持一天的伙食费。不要忘了咖啡是舶来的"药品"，丈夫们聚集在咖啡馆，不好好工作，直接就影响到家中妻子儿女的生计。而如果丈夫多少有些出息的话，很可能就会开辟出一个完全崭新的未来。

　　这个时代，众多清教徒以建设新世界为目标来到美国。其中有一人，教友派的威廉·佩恩，他为了实现信仰自由和人类尊严这一理想，开拓了殖民地并吸引移民。这一叫作"宾夕法尼亚"的美式民主"神圣实验"为移民开出的条件是每人50英亩的土地，除此之外，以1英亩1便士的地租可以租借到

200 英亩。1 英亩大概相当于 1200 坪（1 坪 =3.3 平方米）。和一杯"煮沸的煤烟子"相比，哪一个具有更大的价值，是需要仔细考虑的问题。再补充一点，1683 年，在纽约，1 磅咖啡要18 先令 9 便士，威廉·佩恩曾因这贵得离谱的价格而气得浑身发抖。

针对这些攻击咖啡馆的言论，当然也有人做出了反驳。

结束了一天的辛苦学习和疲惫不堪的工作之后，为了恢复精神，到底应该去哪儿呢？年轻人和小市民有意义地度过傍晚的 1 或 2 个小时，除了咖啡馆别无他所。众所周知，阅人比读书收获更大。从这个角度来说，没有比咖啡馆更好的图书馆。

（《拥护咖啡馆》1675 年）

这主张不是不能理解，但是论证言辞太过书生气，在"老婆式的写实主义"面前显得灰头土脸。

伦敦的咖啡馆的确在 17 世纪到 18 世纪华丽地上演了市民生活。但是，咖啡馆主要是为了男性的制度。咖啡馆虽说议论自由，但是见不到女性的身影，也根本没有适合女性的话题。

咖啡馆市民生活没有女性的参与，明显地象征着近代市民社会成为"男性社会"，女性依然被封闭在家庭之内。近代市民社会是追求利益、社会发展的时代，同时也是把家庭作为"亲密领域"重新认识的时代，更是创造崭新家庭的时代。在家庭里，亲密程度前所未有地加深，母亲觉醒了人类从未展现过的母爱，孩子也前所未有地依恋母亲。这也可以说是近代市民社会的新病理。总之，问题是咖啡没有资格参与到家庭亲密领域内，因为咖啡一直伴随着流言蜚语，那就是《妇女抵制咖啡请愿书》中针锋相对地提出的"咖啡阳痿说"。家庭是以子嗣延续为第一要义的，作为家庭里喝的饮料，这点对咖啡商品形象来说是致命伤。

伦敦的咖啡是过于男性的饮料，因此妇女们要叫回沉浸在咖啡馆的丈夫们。另一方面，咖啡馆作为公众制度，其活力殆尽，在家庭团圆的时刻，伦敦的男性和女性们不好再佯装不知地喝咖啡。于是，红茶成为代替咖啡的非酒精饮料，很快就吸引了女性，最终抓住了英国人的家庭。

1717 年，托马斯·川宁开了英国第一家茶屋"黄金狮子"。这家店和咖啡馆不同，它获得了女性的好评。和阿拉伯的"咖啡之家"相比，伦敦的咖啡馆太过商业气，没有考虑到庭院的美观等。而18世纪开始的茶屋和茶园强调的是咖啡馆所不具备的优雅氛围，受到女性的极大欢迎。

　　咖啡作为国民饮品，要想扎下根，虽说是在男性社会，也必须得到"第二性"伴侣的认同。时代再怎么变动，男人就是男人，对他们而言比起咖啡，还是女人更为重要，伦敦的咖啡文化尽管流行一时，也还是完全败给了这个达成一致的共识。而法国没有重蹈覆辙，它把咖啡孕育成了一场市民革命。

第四章

黑色

革命

路上卖咖啡的罗马尼亚人

让·巴蒂斯特·范·穆尔
巴黎，1700 年左右

路易十四和国际局势

在法国，国际政治的魔力赋予了咖啡合法地位。1669 年，土耳其大使苏莱曼·阿加·穆斯塔法·拉沙接受奥斯曼土耳其帝国苏丹穆罕默德四世的任命，前去太阳王路易十四统治的巴黎赴任。

把基督教和伊斯兰教看作是不共戴天的敌人，这种思想是十字军时代的产物。法国和土耳其两大国因为离得足够远，反而能和平共处。比如对奥斯曼土耳其帝国来说，长期以来的大敌是威尼斯共和国。奥斯曼土耳其伸手巴尔干半岛，确立起对北非的统治，为了确保东部地中海一带，必须打破威尼斯的海上控制权。奥斯曼土耳其曾经在加利波利海战（1416 年 5 月 29 日）中吃了威尼斯的败仗，使得只拥有陆军的土耳其被迫创建海军。

路易十四

奥斯曼土耳其的造船速度震惊了整个欧洲。木材从黑海沿岸的森林砍伐，金属由莫尔道河沿岸出产。让漂浮在海面的船舶行使，不可缺少的帆是从法国购买的。造船的技术指导不是别人，正是威尼斯人。船员也不是不习水性的土耳其人，大部分都是以金钱为目的的意大利人或是希腊人，也就是说一大半都是基督教教徒。就这样在基督教教徒的大力协助下，土耳其加强了海军，而且很快就发展到威胁基督教圈的程度。

1570 年，围绕塞浦路斯岛的所有权，土耳其与威尼斯之间爆发了一场战争，最终于 1573 年 3 月，土耳其取得胜利。

1669 年，也就是土耳其大使苏莱曼·阿加到巴黎赴任那年的 9 月 6 日，克里特岛被土耳其占领，这也是奥斯曼土耳其控制了东地中海的那一年。在这一年，土耳其大使到巴黎赴任意味着什么呢？

奥斯曼土耳其帝国和法国波旁王朝有一个共同的新敌人，那就是德意志神圣罗马帝国的哈布斯堡家族。奥斯曼土耳其渴望得到德国人的"黄金苹果"。"黄金苹果"是土耳其人对维也纳的昵称，维也纳是神圣罗马帝国的帝都，位于巴尔干半岛，处于东西方文明的交汇之处。奥斯曼土耳其想要攻陷"黄金苹果"，在那里插上帝国的深红月牙旗，把其作为中部欧洲伊斯兰化的要塞。这是奥斯曼土耳其确立了东地中海统治后的又一个新目标。

　　土耳其曾经试着攻占过"黄金苹果"。其时德国正埋头于宗教战争，受到土耳其大军的猛扑后，旧教一方因来自东面的威胁,对新教采取怀柔策略。1526年,为防备土耳其帝国的入侵，得到诸侯的援助，查理五世在第一次施派尔会议上，承认了"选择信教的自由"。但是 1529 年奥斯曼土耳其第一次围攻维也纳以失败告终，德国所面临的威胁过去之后，旧教再度开始压制新教,新教一方发出抗议(protest)，这就是新教徒(protestant)名称的由来。

　　伊斯坦布尔和维也纳之间是广阔的马扎尔平原。奥斯曼土耳其帝国和哈布斯堡帝国激烈争夺的就是今天的匈牙利。最初土耳其军队集结于小亚细亚半岛，之后在巴尔干半岛汇合众多的军队，越过马扎尔平原，包围"黄金苹果"维也纳。这真是不可思议的尝试。当时，军队在冬季发起军事行动是不可想象的（拿破仑隆冬翻越阿尔卑斯山的行为，用一句话来说，就是非常没有常识）。无论是去还是回，雪中行进在马扎尔平原都是不可能的。因此，奥斯曼土耳其军队的最大敌人就是时间。因为要在马扎尔平原上对敌人展开游击奇袭，浪费一天就可能

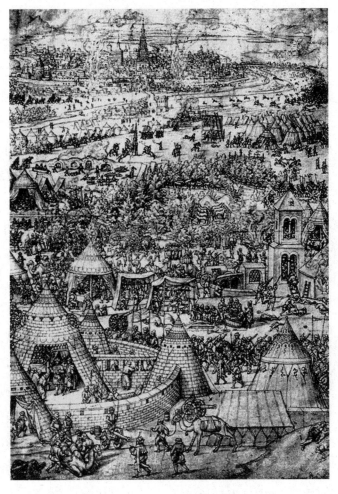

奥斯曼土耳其第一次围攻维也纳

左右整体战局。土耳其军必须完全征服马扎尔人。

　　1541 年，奥斯曼土耳其控制了布达佩斯，其征服方式充满着东方式的睿智。土耳其人以"和平谈判"之名邀请布达佩斯的显贵们进餐，餐后挽留要回去的布达佩斯人说："黑色的汤（匈牙利语 fekete leves）这就上来，请稍候。"最后上来的当然就是咖啡。当这些显贵们把总算上来的咖啡喝完，回到城里时，一切都为时已晚。在他们等待上黑汤的时候，土耳其军的精锐部队已伪装成旅行者潜入城中，解除了布达佩斯的武装。从那以后，匈牙利语里"黑色的汤"这个词语搭配就固定下来，意思是最后会发生不好的事情。

　　16 世纪是"土耳其的世纪"，闪电般的快攻从未停止过。但是进入 17 世纪，1606 年，奥斯曼土耳其帝国和哈布斯堡帝国之间，缔结了《吉托瓦托洛克和约》，给奥斯曼土耳其无敌的发展投下了阴影。按照合约哈布斯堡帝国要向奥斯曼帝国进贡，从这个意义上来说，土耳其看似处于优势。但是问题是作为伊斯兰世界的帝国，在安拉的名义下展开圣战的奥斯曼土耳其帝国，竟要被迫正式承认哈布斯堡王朝有和自己同等的谈判地位，而哈布斯堡家族还是基督教国家德意志神圣罗马帝国的皇室，这实际上是一种屈辱。事实上奥斯曼土耳其帝国已经衰

弱了。本来，奥斯曼土耳其帝国要想打败基督教世界，在欧洲
分化为新旧基督教、纷争不断的三十年战争（1618—1648年）
期间应该是绝好的机会，可是奥斯曼土耳其帝国错过了这个机
会。帝国的衰弱在征服克里特岛之时表现得尤为明显。土耳其
于1571年征服了塞浦路斯岛，塞浦路斯和克里特岛离得并不
是很远，而土耳其征服克里特岛却到了1669年。当然在此期间，
土耳其也在国内开展了改革，但是一直也没取得充分的成果。
最终奥斯曼土耳其帝国在利欲熏心的大维齐尔卡拉·穆斯塔法
的主导下，于1683年采取了包围维也纳的下策。

　　在奥斯曼土耳其帝国看来，再次尝试围攻之际，有必要做
好万全的准备。为此就必须判明太阳王路易十四的动向。第一
次包围维也纳之时，不管内部有什么纠葛，在与伊斯兰世界对
抗时，欧洲还是保住了基督教世界的团结。但是，从那以后，
欧洲各国进一步加快了走向民族国家的步伐。因此奥斯曼土耳
其帝国迫切地想知道法国波旁王朝如何应对即将到来的维也纳
攻守之战，作为基督教国家的一员会不会向维也纳派援军。

　　基督教世界面对伊斯兰世界坚如磐石的时代早就过去了。
民族国家的发展生成复杂的国家利害关系。如果神圣罗马帝国
的帝都遭受来自东方的攻击，必须举全国之力进行防守的话，

那神圣罗马帝国西边的防守必定出现空白，这样一来，法国就能轻而易举地将多年来一直觊觎的莱茵河左岸的德属领土据为己有。不仅如此，如果再发挥想象的话，甚至会发生以下的事态。在奥斯曼土耳其的深红色月牙旗随风飘舞之下，德意志民族神圣罗马帝国痛苦嘶叫并土崩瓦解，土耳其军遂把"黄金苹果"收入囊中。不久后，土耳其军将会沿着多瑙河西进到达博登湖，再沿着莱茵河北上，莱茵河右岸，讲德语的人的居住之地都成了奥斯曼土耳其帝国的领土，地域内改信伊斯兰教。带burg 的德国地名都会被改成带 bul 的土耳其地名。"历史之河"莱茵河两岸据守着无数的堡垒，信仰基督教的法国和信仰伊斯兰教的土耳其发生对峙。到那时，太阳王路易十四才会作为中部欧洲的解放者拿起武器来。如果法国获胜的话，那时太阳王路易十四就成了基督教世界唯一的守护者，再现昔日卡尔·马尔特尔的丰功伟绩，他曾击退了侵入法国南部腹地的阿拉伯人。波旁家族将取代土崩瓦解的哈布斯堡家族的神圣罗马帝国，名副其实地继承曾经的西罗马帝位。当然这是建立在路易十四获胜基础上的一种假想。如果路易十四失败了的话，那时夹在通往亚洲的博斯普鲁斯海峡和抵达非洲的直布罗陀海峡之间的叫作欧洲的广阔土地上，就可能会诞生新的统一的欧洲——"伊斯兰教的欧洲"。

　　当然这只是个假想，事实进展并没有这么简单。天主教的维也纳和新教的柏林现在都还存在。因为奥斯曼土耳其发起的历时两个月的维也纳之围没有取得成功。1683年3月30日，卡拉·穆斯塔法率领下的奥斯曼土耳其大军从埃迪尔内出发，装备极尽帝国诞生以来的奢华。原因除了他那喜好华丽的性情之外，还因他难以抗拒后宫女性的要求。上百辆的马车用于同行的妃子，马车镶嵌着银饰，内部装饰着天鹅绒。1.2万人的禁军，奏着军乐，如同凶神般行进，但有人发牢骚说："女人更多啊。"总之，如此之大军向着"黄金苹果"进发了。4月17日至4月20日，大军逗留在索菲亚，5月3日至5月24日滞留在贝尔格莱德。土耳其大军集结各地的兵力，经由米特罗维察、埃塞西、斯塔尔维森堡、科马诺，总算于7月14日在俯视"黄金苹果"的卡伦堡丘陵布下阵来。大军瞬间就扎起2.5万顶帐篷，一夜之间就出现了一个和当时华沙（人口30万）相当的城市。伊斯兰大军的野营战术是阿拉伯沙漠的游牧传统所铸就的，长期以来，让欧洲人感到不可思议，而现在这可怕的一幕就在欧洲人眼前上演了。

　　利奥波德一世是当时德意志民族神圣罗马帝国的皇帝，他匆忙逃往林茨，在那里等待德意志 – 波兰联军的到来。但太阳王路易十四并没派一兵一卒的援军。"黄金苹果"成了"斯大林格勒"，尸横遍野，奥斯曼土耳其的新月旗没日没夜地发出进攻的信号。过了一个月，还没传来德意志 – 波兰联军的动静。在这个关头，一个男人主动承担起联络的任务，他叫格奥尔格·弗兰茨·科鲁斯奇，曾经做过黎凡特商人的翻译，精通土耳其语。他穿上土耳其人的服装，见了土耳其士兵就用土耳其语和他们交谈。他穿越烽火线，于 8 月 15 日的早晨，成功联系上联军的洛林公爵查理五世。结果，德意志 – 波兰联军于 9 月 12 日开始总攻，土耳其军被迫败走，大批辎重都弃之不顾，其中就有数量庞大的咖啡豆。科鲁斯奇非常了解黎凡特，知道这是会带来巨大利润的物品。作为上述功绩的嘉奖，他接受了这些咖啡豆，在维也纳市中心开了第一家咖啡馆。以上就是事关国家存亡的维也纳咖啡馆的由来。维也纳人得意扬扬地讲述这件事，一有什么事就举办纪念活动。"伊斯兰教统治欧洲"，这一宏大的梦想最终破灭了。

　　尽管结果和假想的历史不同，但以长远的目光来看，还是很宏大的。真正让波旁王朝瓦解的不是奥斯曼土耳其大军，而是 1669 年从土耳其大使苏莱曼·阿加开始流行的咖啡和咖啡

格奥尔格·弗兰茨·科鲁斯奇

馆。大约 100 年后，咖啡馆里诞生的启蒙思想和雅各宾党人聚集的煽动性咖啡馆决定了波旁王朝的命运。其后，拿破仑·波拿巴得益于咖啡馆建立起的人脉开始走上皇帝宝座，瓦解了德意志民族的神圣罗马帝国。但这都是很后很后的话了。现在还处于重视和土耳其友好关系的政府高官们，刚开始尝试叫作咖啡的新奇饮品的阶段。

1669年11月，路易十四接见土耳其大使。大使年约50岁，举止庄重，气宇轩昂。接见场地前所未有的富丽堂皇。路易十四花费1400万里弗缝制了一件镶嵌钻石的长袍，围绕着路易十四的显贵们着装也同样珠光宝气。宝座设在巨大回廊的一端，回廊铺满了丝质的壁挂和豪华的地毯，摆放着小型的圆桌、花瓶、银质的餐桌。大使身着简朴的羊毛长袍，一身行商人装扮，面对这一派金碧辉煌之景，他既没表露胆怯，也没显示出赞叹和惊讶的神情。他缓步走向前，呈递给太阳王路易十四一封信并要求其当场阅读。路易十四让人拆封后发现信很长，就说回头阅读之后予以答复。土耳其大使对路易十四接信时没有站起来感到不悦，抗议说自己受到了不公正的待遇。路易十四回答说这是依照惯例而行。土耳其大使满脸不快地退下。

咖啡外交

宫廷的马车把大使从凡尔赛送到了巴黎。这里的人们很快就迷上了这个土耳其人。他按照故乡的习俗款待人们，给来客奉上咖啡。巴黎上流阶层的第一口咖啡自然也是苦的，但这是为了体验遥远东方的异域之乐，也不是什么太高的代价。家具的配置、壁挂、装饰等所有一切都把人们的思绪带到了伊斯坦布尔最富裕的宅邸。那里没有椅子，地板上铺着松软的垫子，坐在垫子上，虽说要通过翻译，但却是以一种从未体验过的、轻松自在的姿势和主人进行交谈。年轻貌美的女仆们，个个身着华丽的土耳其服饰，给贵妇们递上装饰着黄金穗子的大马士革织锦小方巾，并挨个转着给贵妇们手持的瓷碗里倒入咖啡。让人们着迷的可能正是对异域东方的遐想。无论吸引了人们的究竟是什么，总之，咖啡就是在第二次维也纳之围爆发的15年前左右这种紧张的政治背景之下，开始流行于巴黎的上流社会。

对于一般平民百姓来说，咖啡是可望而不可即的。咖啡是1磅要800法郎的天价商品。掌管东方贸易的马赛贸易商根本没有预测到咖啡需求会在今后出现飞跃式增长。但是，要是不能更便宜地提供给一般市民的话，咖啡就不会成为法国的国民饮品，咖啡馆成为法国大革命的舞台更是无稽之谈。要想实现普及，让人一提到咖啡馆就想起法国，还必须经历许多异乡人的多次尝试和失败，正像最初在伦敦开咖啡馆的帕斯卡·罗杰那样。

仿佛在配合苏莱曼·阿加的咖啡外交一般，使民间的咖啡外交步入轨道的是外出打工的亚美尼亚商人们。1672 年，亚美尼亚人帕斯卡尔在圣日耳曼街开了第一家咖啡馆。可能还算不上是开店，那只是一个集市上的临时摊位。当时的圣日耳曼街，每年 9 月都会举办集市，巴黎市民自不待言，参加集市的还有很多远道而来的人们。帕斯卡尔在这人群熙攘之地，设了一个摊位，忠实再现伊斯坦布尔的"咖啡之家"。可以喝到成为显贵们谈资的咖啡，当然引起了很大的反响。

　　看到咖啡受到好评，帕斯卡尔就开了一家正式的咖啡馆，这次他却判断失误了。摊位卖的物品，有很多东西看在是小摊儿的份上也就将就了。咖啡获得好评，很大程度上是集市气氛造成的。由于生意进展不顺，帕斯卡尔放弃了巴黎，想在咖啡馆极其兴隆的伦敦开辟新天地。当然，没有耐性的人到哪儿也不会发迹，这好像是世间的规律，转战到伦敦的帕斯卡尔最终也没得到幸运女神的眷顾。

　　之后又过了三四年，一个叫马里斑的亚美尼亚人在费鲁大道开了一家咖啡馆，也是因生意不顺，随后就去了荷兰，而他的店铺被在店里工作的一个叫葛雷高的波斯人收购。这个伊斯法罕出生的波斯人知道何为"咖啡之家"。在他的故乡，"咖啡之家"被称作"认识学校"，是学者文人的汇集场所。在巴

法国咖啡馆

黎咖啡馆为什么没有成为这样的地方？其缘由何在呢？要说到巴黎的学者文人汇聚之地，那当属法兰西剧院了。于是他卖掉收购的咖啡馆，在法兰西剧院的对面重开了一家。他找对了地方。自那以后，剧院就离不开咖啡馆了，咖啡馆成了演出结束后评论家和演员们出入的场所。1689 年，法兰西剧院搬到圣日耳曼街后，自不用说，葛雷高也追随而去。

另一方面，想开咖啡馆却没有钱的人们也做了相应的尝试。

1690 年，生于克里特岛的一个叫康迪奥的希腊人试图用创意来弥补资金不足的问题。他腰系白围裙，腹部绑一个平底的篮子，手里拿着咖啡壶，以叫卖的方式出售咖啡。听到他的叫卖声，客户们便会自己拿着杯子出来买咖啡，一杯是 2 苏。可能是这种方式比较简便易行吧，于是就出现了模仿之人。这种售卖方式让巴黎的街头巷尾飘荡起咖啡的芳香，虽然功绩很大，但这种经商之法却没能固定下来。

喝咖啡最恰当的形式必须是非特定的人群聚集在一定的场所，而不是卖方挨家挨户向买方推销。咖啡馆必须是新时代的"公众浴场"。出生于西西里岛巴勒莫的一个叫普洛科皮奥·德·科尔泰洛的人开始付诸实施，1672 年他 22 岁时来到巴黎，在亚美尼亚人帕斯卡尔的咖啡馆里做服务生。后来他开了一间自己的咖啡店。西西里是深受阿拉伯世界影响的地方，所以他十分清楚咖啡馆的精髓。首先要在咖啡上下功夫，普洛科皮奥店铺的主打产品是咖啡和红茶参半的"咖啡"。他出生的西西里有一座埃特纳山，这座山曾和位于瑞士的阿尔卑斯山区争执谁是冰激凌的正宗发源地。普洛科皮奥将美味的冰激凌作为自己店的特别菜单推出。他进而还做了一项颇有成效的努力。咖啡一直伴随着不好的谣言，如不利于生育。普洛科皮奥亲身实践，对这一谣言加以反驳。他和一名巴黎女子结婚，生了8个孩子，1679年，妻子先他而去之后他再婚，又生了4个孩子。但他做的至关重要的事是收购了位于罗亚尔宫区的浴场并改造为咖啡馆，安放了镜子，配置了水晶饰品和大理石的墙壁、桌子等，改造得既非常符合波旁王朝首都的奢华格调，打造出了放松休闲的空间，又努力保持公共浴场所具有的公众性。咖啡馆名叫普洛可甫，不久后经过法国启蒙主义、美国独立、法国大革命而名震天下，成为巴黎的标志性咖啡馆。它的建店时间是1689年，比法国大革命早100年。

牛奶咖啡

1700年法国出版了一份宣传手册，有如下记载：

> 无论男女，咖啡馆已成为正派人士的到访之地。在那里能见到各式各样的人物。潇洒的男人、风情的女子、有学识的僧侣、没学识的僧侣、士兵、好八卦的人们、军官、乡下人、外地人、诉讼当事人、酒鬼、职业赌徒、食客、恋爱冒险家和骗子、美男子和老色鬼、牛皮大王和虚张声

势之徒、半吊子才子和作家等等。

哪里是什么"正派人士的到访之地",这究竟从何说起呢?真是一份让人不可思议的宣传册。总之,在巴黎也和在伦敦一样,咖啡馆成了没有身份歧视的场所,人们汇聚于此沉浸于聊天的快乐中。警察对此抱有怀疑。有记载说,1701 年,一个似乎叫杜诺的宫廷官员,在新桥边的咖啡馆里因说了一些稍微过头的言论被投放到巴士底狱。很快自由的言论和巴士底狱做了断的时候就要到了。警察的预感是极其准确的。

另外,关于咖啡对人身心不好的谣传,在法国反倒发展出了一种特有的咖啡饮用方式,那就是牛奶咖啡。法国人承认咖啡对人体不好,但是在法国当地有优质的、据说是象征丰收和清纯的母牛和牛奶,法国人将咖啡和牛奶混合在一起喝以抵消咖啡的毒性。但也并不是只要简单混在一起喝就行,1685 年,格勒诺布尔的一个叫莫宁的著名医生陈述了其中的窍门。把一盆优质的牛奶放到火上,稍稍滚开时加入一大勺咖啡粉和一大勺红糖,然后沸煮一会儿,不能煮溢出来,喝过之后 4 个小时不能吃饭。之所以要如此做,据说是因为这样对身体有不可言状的妙处。莫宁博士主张,这样喝咖啡,不会让咖啡在胃里沉淀，而且止咳，非常有益于病人。咖啡会在胃里沉淀，这种奇妙的担心当时被传得煞有介事。那是因为财政大臣柯尔贝尔死的时候有传言，用今天的话说就是咖啡是导致其得胃癌的元凶。伊斯兰谚语"喝咖啡的人死后不堕焦灼地狱"，其背后的神学意识体系法国人是没有的，所以法国人会被吓得发抖。但是，咖啡和牛奶一起饮用就安全了，这种说法又具有多大程度的说服力呢？也是十分可疑的。如此将黑说成白的言论也能行得通的话，那科学的精神也就衰退了。

　　伊斯兰教的苏菲们大加赞赏咖啡，丝毫不纠结于咖啡是否会对身体有害，那基督教的神学学者们又是如何看待咖啡的呢？法国是天主教占绝对优势的国家，咖啡会燃尽"人的激情之水"，法国对这一作用报以好感也是必然的。因为和新教不同，天主教是严禁娶妻成家的，更不许犯淫乱戒。巴黎大学医学院的院长飞利浦·埃凯对此发表了高见。他是一个很有见解的人。关于咖啡，他以院长的身份，站在宗教的立场上展开了高深的探讨。他满怀热情地主张"咖啡最珍贵的作用"是"平息激情的火焰，给那些发誓坚守节操的人予以很大的帮助"，论述如下：

　　　　咖啡是防止淫乱的良药。玛鲁德在给机要大臣布朗卡齐奥的信里说咖啡平息激情的火焰，有助于禁欲，给那些在身份上有守此义务的人们以很大的帮助。进一步说，如果咖啡流行起来，当下酒池肉林的状态就不会像曾经那么疯狂，甚至巴黎的性病也会减少。这是天佑我等，希望这个观察是正确的。这样来设想的话，咖啡还要受到指责吗？这样说也是因为咖啡抑制激情，不是根除激情，而是对其进行调节，不是让激情灭绝，而是让其服从。如此一来，两性之间不会相互憎恨，留有充分的激情，但是他们也不会因激情相爱。让他们彼此结合的与其说是激情，不如说是理性。身体是仆人，而灵魂是主人。发誓相爱不再是可耻的事情，友谊和相互尊重将构筑起稳定的桥梁。其结果就是婚姻将变得更为神圣，夫妇之间更为和谐、更为幸福。

英国的咖啡在走入家庭方面以失败告终，但是在法国，咖啡和"结婚秘籍"相结合，大有被神圣化的趋势。另一方面，咖啡的发展绝对没有采取把女性排除在外的方式，这是因为在法国最初接受咖啡的是凡尔赛的贵妇们。她们沉醉在咖啡的香气中，神驰于土耳其皇帝的后宫和苏丹妃子的发型。《一千零一夜》的翻译是从1704年开始的。她们一定都曾沉浸在远东

巴黎咖啡馆中的女性

的乐园之梦中。后来，这种倾向引领以玛丽·安托瓦内特为首的凡尔赛贵妇们迷恋于牧歌式的田园情趣，流行起"咖啡聚会"，甚至发展到给国家财政造成负担的地步。

对市井妇人们来说，情况也是一样的。说到圣日耳曼的商品交易会，那是法国咖啡馆文化的发祥地。一到商品交易会的季节，附近一带的清凉饮料店全都装饰得非常奢华，给普通女性提供切身体验咖啡馆的机会。在法国，女性进咖啡馆从一开始就是很普通的事儿。埃凯院长的主张很正确，巴黎女性出入咖啡馆喝咖啡，平息了"激情"，没有像伦敦《妇女请愿书》中申述的那样，感叹"性之不存"。法国初创期的咖啡馆一般都是通宵营业，这就更为独特了。

总之，咖啡馆里女性的存在让法国咖啡馆文化的根伸向了国民生活的深层。

咖啡的出现

1721年法国出版的一本书定下了咖啡是优质饮料的基调。书的作者出生于波尔多经营葡萄酒业的名门，所以其意见超越私欲，基于法的公平精神，保证具有可信性。他的名字叫夏

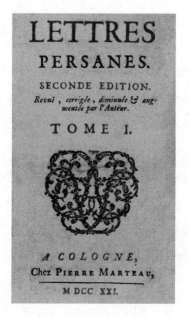

《波斯人信札》封皮

尔·德·孟德斯鸠，书名是《波斯人信札》。

　　孟德斯鸠以波斯人的口吻，多少带着些真心讲述了自己的观察，法国对葡萄酒征以重税，他认为这种做法是想让本地也服从《古兰经》的教诲。但是他却在书中介绍了亚洲人的"让理性明朗化的饮料""让人快活、能排遣痛苦的饮料"。

在巴黎，饮用咖啡极为普遍，出售咖啡的店铺也很多。这些咖啡馆，有的供人谈天说地，有的供人下棋对弈。其中有一家咖啡馆能让喝的人大长才智，从这里出去的人，没有一个不认为自己的才智比进去时增长了四倍。

说的就是普洛可甫咖啡馆。增长了四倍的才智又用于何处呢？那当然是文学、政治和革命。实际上，考虑到18世纪要完成的课题，再有四个四倍的才智也是不够用的。18世纪是一个辉煌的"精神的世纪"。历史学家儒勒·米什莱断言，为此做出准备的是"咖啡的出现"。他把《法国史》的1719年那一章命名为"咖啡、美国"，论述了在法国"咖啡的出现"所带来的历史性意义。

巴黎已经成了一个巨大的咖啡馆。300家咖啡馆开业，为人们提供闲聊的场所。其他的大城市，像波尔多、南特、里昂、马赛等都一样。所有的药铺都出售咖啡，在柜台提供咖啡。就连修道院都争先恐后地加入这个高利润的生意。在修道院的接待室里，修道尼不顾公众舆论，指使没有品级的修女向过路的人出售咖啡……

如此程度的谈天说地在法国还是前所未有的。1789年的雄辩术和辩论法还没有出现，还差一个卢梭，基本不能做引用。都是最大限度自然迸发出来的才智……

这雄辩才智的爆发，部分原因毫无疑问要归功于咖啡的出现，因为咖啡带来了一种令人欣喜的时代变化，造就了新的生活习惯，甚至改变了人们的气质。

其作用就如同今天因烟草造成的智力低下，既没被减弱也没被中和，是不可估量的……

小酒馆，那些路易十四的时代里青年们辗转流连于酒桶和姑娘们之间的粗俗的小酒馆，被赶下了宝座。夜里醉汉的歌声减少了，在排水沟里翻滚的贵族也少了。咖啡馆是能谈天说地的优雅店铺，与其说是店铺不如说是沙龙。咖啡馆改变了人品，让人们高贵。咖啡馆的"登场"就意味着"节制"的"登场"……

咖啡是提神的饮料，是滋补心神的营养品。与酒精不同，咖啡让人们神志清醒，思维专注，它吹散了胡思乱想的愁云惨雾，用真理的灵光照亮了真实的世界。精神的兴奋远离性爱，咖啡是反性爱的饮料……

福地马提尼克

据米什莱说，出现在法国的黑色饮品底部耀眼的显示出
"1789 年的未来之光"。"火山性土壤培植出的咖啡"使人
们具有批判性，头脑清晰，迸发出打破旧秩序的精神。当然用
散文式的方法来表述的话，那就是咖啡和咖啡馆并非宛如天
降般出现的。而且坐在咖啡馆里喝咖啡和精神迸发之间产生关
联——按经验来说——也是很稀有的事儿吧。要想了解"火山
性土壤培植出的咖啡"和法国启蒙主义"迸发出的精神"之间
存在着的因果关系和历史渊源，就先让我们概观一下法属西印
度群岛的咖啡种植史。

在欧洲，荷兰是咖啡种植的发达国家。1706 年，阿姆
斯特丹市从爪哇要来了咖啡树，那树在全欧洲都很有名气。
阿姆斯特丹的法国领事和阿姆斯特丹市当局经过长期交涉，
于 1714 年成功地让阿姆斯特丹市把一棵咖啡树赠送给了路易
十四。7 月 29 日，那棵树被送到了马尔利城，是一棵高 5 英尺、
充满生命力的小树。

盖布里艾尔·马蒂厄·德·克鲁是法属马提尼克岛的步兵

上尉，就是他让法国的咖啡在西印度群岛扎下了根。1723 年，克鲁回巴黎探亲，是否读了孟德斯鸠的新著是值得怀疑的，但他肯定发现人们在大量消费咖啡。这些咖啡都是荷兰殖民地东印度种植的。法国在印度也有殖民地，名字里既没西也没东，因为法国人一说起"印度"就是指"西印度"。既然同名，气候风土应该也不会差太多，那么马提尼克岛难道不能种植咖啡吗？步兵上尉冒出一个很朴素的想法。谁都能想到的事能否实现？抛开热情和毅力外，大抵就是门路的问题了。当时，阿姆斯特丹市市长赠送给路易十四的咖啡树长在王室植物园的温室里，送到马尔利城的第二天就被运到巴黎的植物园。其后，咖啡树数量多少增加了一些。但是对于德·克鲁的分一些咖啡树的请求，植物园的园长们当然没有答应。这就如同跑进上野动物园，以有办法让其大量繁殖为由要求分一只大熊猫。但是德·克鲁有他的门路。咖啡树被赠送给路易十四时，担任接受赠礼一职的是国王的主治大夫德·希拉克，德·克鲁通过一位显贵的夫人反复向德·希拉克提出请求，德·希拉克经不住夫人的多次请求，最终答应了。

1723 年，德·克鲁携带着这小小的灌木，从南特回马提尼克。为了让这灌木好好吸收阳光，德·克鲁把它装在一个精心

德·克鲁运送咖啡树

设计的玻璃箱子里，而且为了弥补阳光不足，还进行了人工加热。虽然格外小心，但横渡大西洋之旅很漫长。过程一波三折，如有一名乘客因嫉妒年轻士官被委以的使命，给玻璃箱子做手脚；在经过葡萄牙属马德拉岛时遭遇突尼斯海盗船的袭击；刚遇到强烈暴风雨差点儿全船覆灭，又遭受风平浪静饮用水缺乏之苦。就这样，一棵咖啡树历经奥德赛般的苦难之旅，被平安运抵马提尼克。

　　德·克鲁带回来的咖啡树很快就有了惊人的产量。1759年，马提尼克和瓜达卢佩出口了1120万磅的咖啡。同年，海地、马提尼克、瓜达卢佩的咖啡收获量分别大约是7000万、1000万、700万公斤。

　　法属西印度群岛出产的咖啡数量庞大，甚至影响到遥远的伊斯兰世界。18世纪前半期，开罗豪商统治着伊斯兰世界的咖啡交易，而法国的咖啡给开罗豪商以沉重的打击。西印度群岛的咖啡经由马赛流向中东和近东。法国印度公司拥有西印度群岛咖啡进口的垄断权，但是1732年，为了向黎凡特出口，马赛的商人和印度公司交涉，获得了进口咖啡的权利，同一时期也从土耳其政府取得了在欧洲大陆土耳其领土内销售咖啡的权利。西印度群岛的咖啡很便宜，能把售价压得比摩卡还低，因此大获成功。有资料记载，1736 年，92247 皮阿斯特的咖啡出口到阿勒颇。这个世纪的中期，在突尼斯，经由马赛的西印度群岛产咖啡和开罗商人的摩卡咖啡之间发生竞争。大约 20 年间，马赛向近东运输了 12335 担（1 担是 50 公斤）西印度群岛的咖啡，价值 84 万里弗，大革命开始前的 1786 到 1789 年，这个数字上升到 41949 担，价值 352.5 里弗，达到国家总销售量的 21%。贸易占比分别是小亚细亚丰岛的士麦那占 48%，萨洛尼卡占 25%，伊斯坦布尔占 20%。奥斯曼土耳其的帝都和士麦那是转运地，安纳托利亚、亚美尼亚、波斯等纯伊斯兰圈饮用的都是法属西印度群岛的咖啡。

法国咖啡的扩张令人瞠目，过去开罗商人做转口贸易的也门咖啡的传统销路受到挤压，开罗自身也落得个进口西印度群岛咖啡的境地。也门咖啡的生产总量是有限的，因此价钱很贵。虽然富人们仍然奢侈地喝摩卡咖啡，但平民阶层都喝经由马赛而来的西印度群岛咖啡，价格比摩卡低 20%~30%。西印度群岛咖啡在乡下和伊斯兰世界的"咖啡之家"，经常都是和摩卡混在一起饮用的。1750 年前后，开罗为摩卡支付了 42.1 万里弗，也为马赛的咖啡支付了 5 万里弗。马赛给垄断初期咖啡交易的开罗豪商以巨大打击，奠定其基础的正是德·克鲁。

　　德·克鲁被奉为英雄赞颂，并被任命为瓜达卢佩的总督。1774 年 11 月 30 日，他在巴黎结束了其 84 年的生涯，被授予法国荣誉军团勋章。报纸大肆报道了他去世的消息，诗人对咖啡和"福地阿拉伯"这一传统主题加以改编，写成了"福地马提尼克"，以叙述诗的形式赞美德·克鲁的伟业。

> 福地马提尼克！噢，那愉快款待客人的岸边啊！
> 你结出了新世纪第一颗果实
> 把亚洲馨香的果实孕于胎中
> 在法国的土地上孕育出诸神的食物

"黑人的汗"

　　真的是"福地马提尼克"吗？我们在爪哇看到，咖啡的种植造成了饥饿，这是咖啡生产的原型模式。说什么"神的食物"，倒不如担心"人的主食"会是怎样的状态呢！西印度群岛的咖啡种植园比爪哇的要苛刻得多。西班牙和葡萄牙在西印度群岛施行着最为残暴的殖民地奴隶制度，殖民者把奴隶当成物品看待，极尽残酷地役使原住民，使得原住民的人数以惊人的趋势

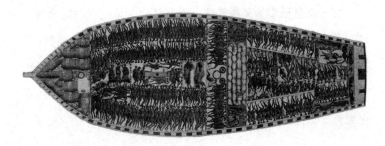

运送黑奴的船

减少。

　　咖啡被叫作"黑人的汗"，令人不快的语义留传至今。咖啡种植很费人手，而劳动力都是黑人。聚集到非洲西海岸的黑人奴隶，在得到基督教牧师的祝福之后，被运到西印度群岛的种植园，卸下奴隶的船又装上砂糖、烟草、朗姆酒、靛青还有咖啡运到欧洲。黑人奴隶在被运送的过程中，丝毫没有受到德·克鲁运送咖啡树时那样的精心呵护。据说三分之一的黑人在运送过程中死去。幸存的黑人奴隶又过着什么样的"幸福生活"无须赘言。据推算，从非洲运送了1500万黑人奴隶到美洲，但18世纪末，美国现存的黑人奴隶只有300万人。西印度群岛的大地把"黑人的汗"孕于胎中，孕育出欧洲人的"诸神的食物"。

　　奴隶贸易所形成的资产阶级经济基础是法国大革命理念的支柱，真是历史的讽刺。但是，南特和波尔多通过奴隶贸易蓄积起财富，带给资产阶级追求自由、要求解放的自豪感，开拓了"尚为零"的第三阶级自我主张之路。奴隶贸易的中心是南特。1666年，108艘船驶向几内亚，运送了37430个黑人奴隶，获利3700万里弗。这与投资相比，收益率高达20%~37%。17世纪末，南特每年有50艘船到西印度群岛，送去家庭消费的爱尔兰腌肉、奴隶穿衣用的亚麻布、砂糖工业所需要的设施。给几内亚和西印度群岛运送食物和其他产品，这正是法国所有工业部门的发展起源。

　　西印度群岛是在法国商业资产阶级筹措的资本之下运作的。18世纪20年代的法国，正如米什莱所说，是一个在为数众多的咖啡馆里"谈天说地""过度社交"的时代。每个咖啡馆里，"印度"都频繁成为话题。"印度"就是指西印度群岛，咖啡馆成了"开发印度"的资金筹措场所，向西印度群岛投资注定会带来巨大的利益。时代向后推移，从1783年直到大革命，光波尔多就给海地投资了10亿镑。1789年，仅南特商人给西印度群岛的投资金额就达到5000万里弗。同年，法国向殖民地送去 7600 万磅的商品（小麦、肉干、葡萄酒、布的原材料等），殖民地给法国输送了砂糖、咖啡、可可、木材、靛青、熟皮等物资，总额 2.18 亿磅，其中在法国国内消费的不过是 7100 万磅，剩下的都被卖到了国外。殖民地商品不仅滋润了南特、波尔多、马赛这三大商业资本的中心地，西印度群岛的砂糖还让奥尔良、迪普和巴黎发展起制糖产业。皮革产业的皮子也来自西印度群岛，而且西印度群岛的棉花让法国上百个城市发展起棉花产业。每一个产业又都分别带动了其从属产业的发展。

在罗亚尔宫区鳞次栉比的咖啡馆里，启蒙主义者们喝着西印度群岛"火山性土壤培植的咖啡"，也并不是没有意识到"福地马提尼克"的不幸。他们提倡的学说——人都有追求各自幸福的权利、在自由和平等的基础上生存的权利，这很快就成了废除奴隶运动的理论根源。

演员登场

经济基础有了，革命思想也有了，罗亚尔宫区也搭好了大革命的舞台，不久演员就要登场，热闹开始了。最先登场的是玛丽·安托瓦内特，15 岁。1770 年，她从维也纳嫁到了巴黎。

两个宿敌——法国的波旁王朝和奥地利的哈布斯堡家族之间的联姻是震惊欧洲的外交革命。虽然玛丽·安托瓦内特还是个孩子，但她成功出演了这场外交革命剧，她进入角色，受命担当法国大革命的女主角。

这一年，还有一位为1789年准备多年的人从亚美尼亚动身回到巴黎，他就是让·雅克·卢梭。旅行时，卢梭喜欢穿亚美尼亚人的服饰，所以总是被朋友致以穆斯林的问候"真主保佑"。他脱下行装来到摄政咖啡馆，立刻被山一样的人群包围，警察最终禁止他在咖啡馆或其他公共场所现身。

艳丽夺目的女演员杜巴利夫人登场。法国的咖啡文化，从苏莱曼·阿加那个时候开始，其发展就得到上流社会的夫人们明里暗里的援助，而且孕育着某种异域的东方之梦。路易十五的宫廷里溢满咖啡。凡尔赛庭院里种植的咖啡树长到了4米之高，每年结出六七磅的果实。国王有时亲自泡咖啡招待客人。而集路易十五的宠爱于一身的女人正是杜巴利夫人。

国王和杜巴利夫人的咖啡狂热给国库增添了不少的负担。从1754年到1755年，陆续订购了黄金咖啡壶、黄金制作的酒精灯、银鼎、带有树叶形装饰的咖啡杯、新型的勺子、钢雕的温盘器、沙金和黄金制成的套装咖啡器皿匣、装砂糖的天蓝色

杜巴利夫人

维也纳瓷瓶等。这两年间，光留有记录的物品总金额就达 1.3 万里弗。宫廷里发展出如此豪奢的咖啡文化到底意味着什么呢？不能说只是路易十五和杜巴利夫人的个人爱好。在巴黎的上流社会中，"咖啡"这一概念开始伴随着某种崭新的要素。沙龙中到底发生了什么呢？ 1765 年，达皮奈夫人写的一封信里，记录了上流社会中，咖啡概念的扩张过程。

　　或许你可能不知道所谓的"咖啡聚会"是什么。简而言之，就是一种没有花销、不讲仪式、不拘束地聚集众人的秘诀。当然只有会员才能参加。给你描述一下具体的场景吧。在定好的举办咖啡聚会的那天，为了此饮品，要在一个预设的大厅里摆几张小桌子，2 到 3 把，最多 4 把配套的椅子。一张桌上备好扑克、筹码、象棋、跳棋、围棋等。另一张桌子上放啤酒、葡萄酒、巴旦杏水和柠檬水。主办咖啡聚会的女主人一身英伦风的服饰，简洁的短裙子，平纹的围裙，三角形的披肩，还戴一顶小帽子。她坐在一张类似吧台的长桌子后，桌子上放着橘子、饼干、线装书还有所有的报纸。暖炉的桌子上有饮料，侍者们都穿着白色的马甲，戴着白色的无檐帽，和公共咖啡馆里一样，他们被叫作"男服务生"。没有任何陌生人进来，家里的女主人也无须为了谁离开桌子。每个人坐在自己喜欢的地方，待在看似有趣的桌子旁。这还不是全部。在这之外还有很多迷人的活动，比如欣赏哑剧、跳舞、唱歌、演喜剧小品等。

在仅限关系亲密的人参加的内部聚会上，贵妇人扮演咖啡馆老板，客人各自扮演咖啡社交界的不同角色，模仿庶民中流行的咖啡馆。喝咖啡被引入巴黎沙龙这样的社交场，构成了一种贵族文化。站在其顶点的当然是杜巴利夫人。从留存至今的杜巴利夫人肖像画中可以看到，她身着丝织品，从黑人侍童递过来的盘中端起咖啡杯，用银勺搅拌着，这形象简直就是苏丹的妃子。通过这幅肖像画，杜巴利夫人在宣告自己是巴黎社交界的第一夫人。

和宫廷豪奢的咖啡文化形成对照的是卢梭的咖啡。警察严禁卢梭在公众前露面，达皮奈夫人又向治安当局控诉，1771 年 5 月 10 日，连《忏悔录》的朗读也被禁止了，私信审查所又扣押了信件，卢梭在巴黎饱尝鲁滨孙式的孤独。贝纳丹·德·圣-皮埃尔的《晚年的卢梭》真实传达了这个时期卢梭的状况。

　　穿过杜伊勒里去送他，飘来咖啡的香气。于是他说道：
"这是我最喜欢的香气。我家楼梯处一有人炒咖啡豆，隔
壁的人们都会关窗户，但我会打开房门。""那您喜欢咖
啡是吗？既然您说喜欢其香气。"我问道。"是的，"他
回答说，"要说我喜欢的奢侈物品，就当数冰激凌和咖啡
了。"

　　　　　　　　（岩波文库《孤独散步者的遐想》附录）

　　这位德·圣－皮埃尔是刚从印度洋上的留尼汪岛回来，他
把带回的咖啡分成包送给朋友，听说卢梭喜欢咖啡，就马上送
了一包，却收到了卢梭这样的回信。

　　敬启
　　　　昨天因为来了客人，所以没能打开您送的东西查看。
我们才刚认识不久，您就送东西给我。我们的交往成了
有身份差别的往来。以我的财力，没有给您送东西的富余。
所以有两种选择，要么请您收回咖啡，要么我再不跟您
见面。

　　　　　　　　　　　　　　谨上　丁·丁·卢梭

　　虽然西印度种植咖啡的列岛是法国的殖民地，巴黎六七百家咖啡馆鳞次栉比，上流社会的沙龙沉醉在"咖啡聚会"里，但咖啡是奢侈品，些许的赠予都可能显示"身份地位的差异"，这一点在思考法国大革命的咖啡和咖啡馆时是不能忘记的。这个时代，工厂的工人一天工作12—14个小时，日薪是25—30苏。大麦和小麦混杂的面包，一磅是3—4苏。邻国德国受法国胡格诺派的影响，开始吃马铃薯，但这在巴黎还没充分普及开来。法语把马铃薯叫作"大地的苹果（pomme de terre）"，苹果虽然美味，但也可能像"禁果"那样，从这一称谓上就可看出，马铃薯的普及伴随着多大的困难。因此巴黎的工人们每天都重复着面包和麦汤的日子。四口之家每天至少需要3磅的面包和半磅小麦，这就占到收入的一半左右。既没有进咖啡馆的闲暇，也没有那份钱。下层民众是法国大革命的巨大能量之源，但对于他们来说，咖啡不是能喝得起的东西。有闲暇泡在咖啡馆里埋头于公众议论的人们和绝大多数喝不起咖啡的国民，这两者之间的结合就是法国大革命的要点。这也从一个侧面解释了为什么感到咖啡是"奢侈"之物的卢梭思想，能够被民众疯狂接受。

　　1778年7月2日，卢梭去世，这一年，悲剧女主人公，23岁的玛丽·安托瓦内特变身美丽的"洛可可女王"，再次登场。

"人只有在不幸中才能认清自己是谁"，玛丽·安托瓦内特后来带着她的警世名言，如朝露般消逝在断头台上。但这个时期，她尚处在幸福之巅。为了一扫杜巴利夫人的阴影，向世人宣告自己才是凡尔赛的第一夫人，她在马尔利城举办豪奢的"咖啡聚会"，上演了一幕咖啡飘香、极尽奢华的洛可可式的室外剧。但是洛可可风的优美田园牧歌剧正在暗地里转变为凄惨的希腊悲剧。罗亚尔宫区开始出现讽刺玛丽·安托瓦内特的宣传册和漫画。

严冬的巴黎

卢梭去世的 1778 年，法国和美国缔结了攻守同盟，世界史开始向着大革命的方向转动。这一年，法国经济不断恶化。葡萄酒的销量下跌，形势很严峻。葡萄酒和白兰地是法国在世界贸易中的核心商品，所以葡萄酒产业中心——波尔多和香槟区都呈现着种植园的景观。为了栽培葡萄，法国并不重视粮食生产，也就是说面包只能从别处购买。如果葡萄酒销售顺利，谷物价格稳定的话还没有问题。但是政府在面包价格的维持上失败了。1761 年到 1788 年，1 磅面包的价格从 1 苏急剧上涨到 7 苏。通过谷物进口来维持面包价格，只有英国能玩得转这种把戏。商品的价格不是自己任意上涨的，但是农民们不懂得市场机制，他们认为面包价格上涨的背后一定潜藏着一只不怀好意的手，于是农民暴动频发。1787 年，法国全国歉收，当时法国人口的 85% 还是农民，农业备受打击。1788 年几乎颗粒无收。而且那年冬天持续严寒，好像在给一切以最后的致命一击似的。

这个时代的冬天是怎样一种状况，看戈雅的《暴风雪》（1786—1787 年）就能大概体会到。但 1788 年到 1789 年的那个冬天是不可同日而语的。就连威尼斯的浅滩都冻上了，人们从冰上走过。欧洲全都冻成冰了。

法国农业受到的打击反过来影响到法国经济整体。巴黎的工业产品销往销售地之路完全被阻断。马恩河和塞纳河上看不到货船的影子，一则是因为严冬，塞纳河上漂着浮冰，船舶不能航行；再则是因为歉收，没有运送食物的船只，连运送建材的船只都没有了。在法国大革命前的几年里，巴黎处在建筑热潮中，众多的土木工人云集到巴黎。1788 年，冬天比往年来得都早，建筑施工全部停滞，人们都期盼着春天的到来。但是 1789 年的春天带来的是苦涩的幻灭。新的建筑施工没有开工，

戈雅《暴风雪》

建了一半的工程被搁置。面对全国性的歉收引起的经济危机，没有企业家敢贸然扩张事业。巴黎的驳船和卸货场上数百工人饿着肚子排着队，等着来个装卸船的活儿，能挣几个苏的收入。市内失业者更是人满为患。

严冬和不景气笼罩下的巴黎却涌动着莫名其妙的狂热。1788 年 8 月 8 日，在这个排列着一串儿八的吉日里，路易十六宣布召开三级会议，1789 年 1 月 24 日公布了选举规则。就要开始选举了，这引起了民众异常的兴奋。第三等级的选举办法不仅复杂，而且选举权还有相当的限制。投票人先选出选举人，选举人再选代议员。享有选举权的仅限于两类人，一类是定居在选举区、有家室、有官职或固定工作、有工头资格证的人；一类是每年最低缴纳 6 法郎直接税的人。但是席卷法国的经济萧条，将没有选举权的人们也卷入选举运动的狂潮中。

巴黎到处都是年轻知识分子，他们来自乡下，到大城市寻求发展机会。因为小城市没有工作或太过无聊，所以文人、律师、艺术家、医生、学生都汇集到了巴黎。这一年，也就是 1789 年，是尤其找不到工作的一年。他们大部分住在小市民和工人家的屋顶阁楼里，受到卢梭、伏尔泰、孟德斯鸠等启蒙思想的鼓舞，从街上领到宣传手册，为手册里的革命思想而狂热。那是一个

在法国咖啡馆争论的人们

80% 的人都不会读写的时代，20% 会读写的人给那 80% 的人念书、宣传的时代。

巴黎和其郊外拥有 60 万人口，这个大都市形成了前所未有的巨大政治旋涡。人们聚集到散步的路上、广场和交通要道，了解新闻，互相攀谈，进行讨论。处于旋涡中心的是一个巨大的长方形的公园，也就是罗亚尔宫广场。人们从早到晚地聚集在那里，演说者向围观的群众念报纸和宣传手册，陈述政情，以理动人。咖啡馆排列在罗亚尔宫广场附近，闪耀着法国启蒙主义的黑色寒光。一宣布要召开三级会议，那些咖啡馆就开始全力发挥其公众性的机能。

煽动性咖啡馆盛衰记

普洛可甫咖啡馆

美国为了和法国结成攻守同盟，把本杰明·富兰克林派遣到法国。美国独特的自由已经引起伏尔泰的关注。他向法国人介绍了宾夕法尼亚"美式民主的神圣实验"，这个实验证明人是可以在信仰自由的基础之上度过美满一生的，还介绍了令人叹为观止的成果《权利法案》。法国人热情接待了美国特使富兰克林。1778年2月6日，美国和法国缔结通商条约和攻守同盟。富兰克林成为普洛可甫咖啡馆的常客，1790年，富兰克林在美国本土去世，普洛可甫降半旗以示哀悼，象征着美国革命和法国革命紧密相连。

美国革命带来的另一个理念是解放黑人奴隶。美国讴歌自由、独立和幸福，发表了《独立宣言》，北部各州陆续宣告解放黑人奴隶。废除奴隶运动是考验法国启蒙主义理念的试金石。如果自由和平等是人与生俱来的人权的话，那这个人权应该也必须适用于黑人奴隶。

废除奴隶运动并非是脱离利益的、纯粹人道方面的考量。奴隶制难以提高劳动者的购买力，自由人的劳动比起奴隶的劳动，更有助于经济活动。此外法国和英国之间为争夺殖民地，爆发了七年战争，产生经济对立。自不用说，法国支持美国独立，美的独立意味着开放一直以来为英国所独占的广大市场。另一方面，美国独立以后，法属西印度群岛殖民地取得了令人瞠目的飞跃式发展。法国殖民地西印度群岛的繁荣对英国来说完全就是一种威胁。西印度群岛的劳动力是黑人奴隶。1764年到1771年，每年送往海地的奴隶有1万—1.5万人。经过英国

的奴隶，有一半被送往西印度群岛，1786 年是 2.7 万人，1789
年是 4 万人。

扼杀法国殖民地的最好方法就是废除奴隶制。英国马上就
控诉奴隶制的非人道性。1787 年，英国成立了废除黑奴运动协
会。次年，法国也成立了"黑人之友社"，社长是孔多塞。伏
尔泰和卢梭死后，他是法国百科全书派仅存的一人。而掌握实
际指挥权的是雅克·皮埃尔·布里索·德·瓦尔维尔，他作为
记者，目睹了美利坚合众国奴隶的真实情况，献身于废除奴隶
运动。"黑人之友社"刊行杂志，展开宣传，这对于英国来说
是非常可喜的动态。英国政府派遣人员，不惜援助资金，挖掘
"沉睡的能量"。"黑人之友社"的本部也设在普洛可甫。

富瓦咖啡馆

1789 年 5 月 4 日，第三等级的选举结束。5 月 5 日，在凡
尔赛召开三级会议。会场一经设立，人们就比以前更加频繁地
造访罗亚尔宫区的咖啡馆。凡尔赛在发生什么事？只有宫廷系
的《法兰西报》和面向富裕资产阶级的《巴黎日报》发布有关
政治动向的公报。当时生活比较优渥的人都不会读写，人们只

罗亚尔宫区的咖啡馆

能通过口传的方式来收集新闻。在咖啡馆里，可以了解报纸掩盖的事实以及对此做出的种种解释，有时还可以陈述自己的想法。罗亚尔宫区的咖啡馆成了真正谈天说地的场所，成了议会。

　　在罗亚尔宫区的咖啡馆中，激进的常客们频繁光顾，尤为热闹的是富瓦咖啡馆。大部分客人都是来自巴黎之外的知识分子，没有工作的律师、医生、演员、文人。这个咖啡馆是激进派的聚集场所。罗亚尔宫广场设置了木板小屋，在那里结束了

会议后，他们就转移到富瓦咖啡馆继续进行争论。争论演化为
对骂、对打也不足为奇。这之中有影响力的人物是没落贵族
桑·尤尔格、老演员格拉莫、作家爱丽榭·卢斯塔罗和卡米尔·德
穆兰。7 月 12 日，巴士底狱陷落的两天前，德穆兰冲出咖啡馆，
呼吁"拿起武器！"，他扯下一片树叶作为徽章戴到自己的帽
子上，大家都争相模仿，以至于所有的树都秃了。游行队伍和
警备士兵之间发生争执，小冲突遍及巴黎全市。现在罗亚尔宫

卡米尔·德穆兰摘下树叶作为徽章戴在帽子上

区还矗立着德穆兰的铜像。

巴士底狱陷落后，富瓦咖啡馆暂时保持安定状态，到了 8 月末，再度被紧张的气氛所笼罩。议题是如果议会通过的法令，国王不予认可，该怎么办？是雪藏法案的绝对否决权，还是一定期限内延迟法案生效的停止否决权，抑或是不承认一切否决权。8 月 30 日，富瓦咖啡馆决定向制宪议会派遣抗议团，桑·尤尔格带头向凡尔赛进发。但是，市当局在罗亚尔宫区安插了眼线，打探富瓦咖啡馆的动静。市当局一察觉这个动向，就让国民卫兵紧紧关闭了广场的出口，发射大炮进行恫吓。代表团毫无办法，只好退回了富瓦咖啡馆，重新组建了前往市当局的请愿团。请愿团虽然去了市议会，但是向凡尔赛派遣代表团的要求没被允许，并被明确告知这样做是违法的。

第二天，富瓦咖啡馆里挤满群情激昂的人。卢斯塔罗做了演说，他在巴士底狱陷落后刊行了周刊报纸《巴黎的革命》，这后来成了激进的雅各宾主义的理论杂志。继他之后，演说家们陆续进行了演讲，提出了一个过于危险的提案，即武力攻破凡尔赛。最后，虽然再次向市当局派去了请愿团，但也没有新的进展。

罗亚尔宫区的咖啡馆政治家和市议会的对立越发严重。市当局对罗亚尔宫区没有好感，喝咖啡喝到半夜，持续地高声争论，发出噪音，市当局认为这种行为极大地扰乱了热爱安宁的市民们平稳的生活。咖啡从古至今都是让人喝了就睡不着，让人兴奋、产生精神变化，让人话多的饮品。

　　还有一件让市当局神经紧张的事，那就是福伊咖啡馆的附近开了一家棘手的书店。这家书店大量销售政治性宣传手册和临时装订的书籍、报纸，还有讽刺玛丽·安托瓦内特和宫廷显贵、制宪议会保皇派领导人的漫画，有的漫画甚至以巴黎市长巴伊为题材。市当局一方面限制漫画，规定宣传手册之类的出版物要署名，通过警察和国民卫兵镇压大规模的政治集会；另一方面向市民呼吁不要靠近罗亚尔宫区。当然这些劝导不会产生什么大的成效。聚集在罗亚尔宫区的人们主要是"外来户"，他们生活在巴黎郊外憋屈的小屋里，既没有家，无须纳税，也没有参加地区政治集会的公民权。在当时发行量达 2 万份的报纸《巴黎的革命》上，卢斯塔罗这样写道：

　　　　巴黎住着 4 万外来户，他们既不是居民，又因不属于巴黎市区，所以也不是市民。因此他们不能出席各地区的集会。但是地区的集会不单单只是涉及那个地区，还涉及与整个法国相关的事情，所以这些外来户逐渐形成了他们自己的地区，那就是罗亚尔宫区。

市当局委托国民卫兵"利用公社的全部武装，对抗扰乱公共秩序的人，为了方便根据犯罪类型进行审理，逮捕他们并送进监狱"，国民卫兵立刻执行此命令。巡逻队着手驱散罗亚尔宫区的所有集会。被刺刀遣散的人们逃进富瓦咖啡馆，咖啡馆的常客们和上着刺刀冲进来的国民卫兵发生冲突，造成惨痛的流血事件。

奥特咖啡馆

冬季再次来临。虽然严寒程度不及去年，但饥饿的势头没有一点儿减弱。巴黎充斥着 20 万乞丐和流民。10 月 6 日，巴黎鱼市的女性们把国王一家带到了巴黎。但是杜伊勒里宫没想到国王会来，措手不及，没做好任何准备。国王第一晚只能睡在粗糙的皮质床上，这引起巴黎市民的同情。追随国王迁到巴黎的制宪议会也没做好准备。10 月 19 日，临时决定在大主教宫殿召开制宪议会。在此期间，皇家马术学校——通称马匹调教场做好了准备，11月上旬，制宪议会转移到马匹调教场。打那以后，制宪议会的左翼就被反对派叫作"马匹调教场的家伙"。

杜伊勒里宫的庭院取代罗亚尔宫区，成了人们造访之地。有一家叫奥特的咖啡馆位于庭院的北面，所处地理位置非常绝，其前门面向庭院，后门通向皇家马术学校前的广场。这里成了议员和其熟人、朋友、旁听人士、请愿人士的出入之地。之后，奥特咖啡馆成为议会诸党派向巴黎市内传达煽动信息的场所，逐渐开始发挥作用。

奥特咖啡馆还和一件不幸的事件有牵连。"凡尔赛妇女游行"抬高了一位女性的名望，她就是"亚马孙女战士"特罗瓦涅·德·梅里古尔，她头戴装饰着黑色羽毛的帽子，身穿骑马服饰，突然登上历史舞台。她一方面在罗亚尔宫区聚集女性，以其充满热情和气势的口才获得一片喝彩，一方面创立政治沙龙，和阿贝·西艾斯、巴巴纳、巴蒂翁，特别是和醉心于她的卡米尔·德穆兰交往。保皇派为此非常气愤，把沙龙所在的格勒诺布尔酒店周边叫作"亚马孙地区"，嘲笑说"维纳斯讲授公共法"。当然没什么不可以这么做的理由。但是，法国大革命从女性的观点来看，还远没有把"女性的人权"当作问题。自打希腊、罗马的古典时代以来，公共的世界就是男性的世界，女性的世界是家庭。正因为无论是制宪议会，还是罗伯斯庇尔都把罗马的元老院看作理想的模型，所以对女性争取权利的斗争就更无从理解了。

1792 年 4 月 12 日，在奥特咖啡馆的露台上，特罗瓦涅公然宣布收回之前对罗伯斯庇尔的敬意。这件事在雅各宾俱乐部传开，引起哄堂大笑，"亚马孙女战士"身着惯常的服饰，手

特罗瓦涅·德·梅里古尔

持马鞭闯了进来，她拿鞭子抽打未能奏效，因寡不敌众，被雅各宾党的党员们赶出了大厅。她不断靠拢吉伦特派，而1793年春天，雅各宾派与吉伦特派之间的对立已经是一触即发。就在这个时节，5月发生了一起荒谬的事件。正当特罗瓦涅走在杜伊勒里宫殿的露台上时，雅各宾派的人逮捕了她，还把她的裙子绑在头上，嘲笑着鞭打她完全暴露在外的屁股。最后她发疯了，在精神病院度过了残生。

索尔咖啡馆

"父权的世界史"不知女性疾苦地向前迈进，其动力就是男性竞争原理。眼见着奥特咖啡馆的兴隆，就有人冒出来，觉得不能置之不理。这个人叫索尔，是个微胖的中年男子。他是一个老奸巨猾的能干家伙，大革命前到处贩卖假药。巴士底狱被攻陷后，政治上的激进让他时来运转，不久就成了全权代理议会旁听票的负责人，说白了就是票贩子的头。虽说马匹调教场经过了改造，但以前毕竟是一个马术学校，旁听席位只有五六百，而对于有的议题，希望旁听的人达到两三千人之多，这就造成了旁听票的非法买卖。索尔尝到了甜头，进而想到以旁听人为对象，开一家咖啡馆。于是他向宫廷管理员借来杜伊勒里宫墙边的一隅，正对着马术学校建起了咖啡馆。旁听人在他的店里弄到旁听票，喝着咖啡，听着索尔亲自详细讲解当天的主要议程和谁会登上讲坛，还有政治家的各种履历等。

看到索尔咖啡馆的兴隆，奥特咖啡馆的雅各宾派也跟了过来。这是索尔最为得意的时期。然而到了国民公会的时代，不知什么原因，他被赶下了对旁听票的统治地位，这样一来就等同于失去了卖点。1793 年 5 月 10 日，国民公会的会场从马术学校搬到了杜伊勒里宫，雅各宾派自然也就离开了索尔咖啡馆，去寻求更近的咖啡馆。

黑色的神酒

法国大革命时期雅各宾派的煽动性咖啡馆非常重要，追寻它的盛衰就是追寻革命发展本身。但是法国大革命并不可以简单地概括。人具有生而平等的自由人权。人有追求各自幸福的权利。本应讴歌人权的法国大革命和美国那种翻天覆地式的明快相比，总让人有种阴森不通透之感，打个比方来说，就是牛奶咖啡和柠檬茶的区别，越看越觉得黏糊糊得浑浊不堪。让我们停止从近处审视法国大革命，试着换个更远的视角进行观察。刚好有这么一个像镜头焦点一样的地方，可以反观发生在巴黎的事件的发展过程。那就是漂浮在大西洋彼岸的咖啡种植园之岛——海地。

在欧洲各国的殖民地中，法属西印度群岛是最为成功的，海地曾经是新世界的一大中心。1789 年，有 1587 艘船进港，其数量甚至超过了马赛。海地在 1789 年向法国运送了 8000 万磅的咖啡，支持了巴黎煽动性咖啡馆的骚乱，放射出"黑色之光"的咖啡就是海地等西印度群岛的 "火山性土壤" 培育出来的。

海地的咖啡种植始于 1734 年，拥有众多山岳的海地非常适合种植咖啡。把咖啡带到西印度群岛的德·克鲁说，因火山活动和连阴雨，马提尼克岛的五六千原住民哀叹不能为欧洲市场输送商品，是咖啡种植带给他们希望。可以说咖啡种植的成功确实把他们从毁灭性的危机中拯救了出来。但是，咖啡种植是很费劳力的工作，原住民是远远不够的，不足的劳力就必须通过奴隶来补充，而这些奴隶就是从遥远的非洲西海岸运送来的。

1789 年，海地的人口大概有 55 万。约 10 年后，德国人亚历山大·冯·洪堡到访拉美，他给出的数字是黑人奴隶 45.2 万人，解放了的奴隶 2.8 万人，白人 4 万人。其他还有介于白人和黑人之间，拥有自身阶级利益的穆拉托（白人和黑人的混血儿）9 万人，以及少量的原住民。白人又分为两类，一类是非常有势力的大地主，还有一类是身份低微的佃户、商人、军人等。在开发的初期也曾向这里运送过犯人。为了弥补劳动力不足，每年从非洲运送来 3 万黑人。由这种奴隶劳动支撑起的砂糖、咖啡、棉花、可可、香料等种植园是法国财富的一大源泉。海地的种植园所有者，以马西阿克俱乐部为据点，展开强大的游说活动。他们拥有种植园，具备足够的国际竞争力，过着不逊于本国大商人的奢侈生活，对改变既有的生产关系没有任何兴趣。而穆拉托介于白人和黑人之间，地位微妙。他们拥有土地，有相应的经济地位，和白人不同的是他们没有政治权利，正是他们这些人极其关注法国革命的事态。在 1789 年的选举中，穆拉托给巴黎派去了代议员，展开活跃的政治活动。

白人大地主拒绝把自己的特权分给穆拉托，他们拒不承认权利的更迭。大革命后，海地不用三色旗，依然继续使用波旁王朝的香根鸢尾旗。另一方面，穆拉托依然是黑人奴隶的所有者，他们也反对给黑人奴隶人权和市民权，在这一点上他们和白人是一致的。在海地的商品生产过程中，黑人奴隶被苛刻榨取，所以零星的黑人叛乱在法国大革命之前就时有发生。1791
年 8 月，最终爆发了大规模的黑人奴隶暴动。

600 家咖啡种植园、200 家甘蔗种植园、200 家棉花种植园
相继失火。每当一家种植园燃烧起来，在那里劳作的奴隶们就
汇合到暴动的队伍中，逐渐被组织成带有明确纪律性的军队。
对其进行指挥的是曾经的奴隶杜桑·卢维杜尔。运动的口号是
"曾经的自由"。

1793 年，罗伯斯庇尔率领的国民公会决议废除黑人奴隶制
度，赋予黑人人权和市民权，这是就连他们自己都难以被充分
确保的权利。海地的黑人代表到访议会，在雷鸣般的掌声中发
表了谢词。但是海地依然处于多难之秋。法属海地不得不与西
班牙属圣多明各共分同一个岛——伊斯帕尼奥拉岛，而旁边的
岛又是英属的牙买加。大地主们反抗巴黎，借助西班牙和英国
之手镇压黑人叛乱。卢维杜尔率领黑人们与西班牙和英国的军
队作战。

国民公会向海地派遣了军队，同时还派遣了 3 位特使，海
地和法国之间必须创建崭新的关系。只有黑人赞同法国的"自
由、平等、博爱"。法国签署了海地独立协议，承认以卢维杜
尔为首领组建黑人共和国。但是法国本土的革命动向是不停变

动的。1794 年热月 9 日，雅各宾派落败，"黑人之友社"的社长孔多塞在狱中死去。

海地的革命依然在继续。1801 年，卢维杜尔颁布的海地宪法里，强调了奴隶制的废除，并将土地的一部分以租种的形式转为黑人所有。这期间，登上皇帝宝座的拿破仑不承认该宪法。拿破仑有他的梦想。他的梦想就是以还在法国统治之下的北美路易斯安娜为起点，执行强有力的殖民地政策。为此，就必须确保西印度诸岛处于法国种植园所有者的统治之下，以成为世界政策的前沿基地。拿破仑的妻子约瑟芬是马提尼克大地主的女儿，所以拿破仑十分清楚殖民地财富的意义所在。他在马提尼克和瓜达卢佩重新导入奴隶制，采取了措施，把海地置于旧种植园所有者的管理之下。海地的黑人群情激奋，奋起抵抗。拿破仑为了镇压抵抗，派遣了 54 艘军舰，以谈判为名诱捕了卢维杜尔并送到巴黎处死。

海地的抵抗依旧在进行。拿破仑的军队没有进行镇压就返回了。不久拿破仑在东端的俄国败北，其实在此之前，他已经在西端遭受了最初的小小失败。1804 年，卢维杜尔的后继之人德萨林宣告海地独立。

有评价说海地的独立是摆脱欧洲资产阶级桎梏的、第三世界民族主义的先驱运动。但是"民族主义"在此又意味着什么呢？来自西南非和东非不同地区的众多非洲人，种族和语言各异，其中还有很多是刚到海地的。这些人连语言这种沟通手段都欠缺，是伏都教发挥了巨大能量，把他们团结到"曾经的自由"这一运动中来。我们追溯了原产于东非的咖啡的历史、法国大革命时期的咖啡馆文化以及支撑着它的咖啡生产者黑人奴隶的历史，但是，当看到在海地家庭里供奉的伏都的神龛时，我们心生感慨。神龛里供奉着犹如丘比特一般的神像，他们给神像早晚献上的正是被称作"黑人之汗"的咖啡。

第五章

拿破仑

和

大陆

封锁

「即使没有你们，也会健康、富饶」，德国最初的菊苣代用咖啡制造公司的注册商标

德国，不伦瑞克（Braunschweig）
1770 年

拿破仑

有一家叫"意大利"的咖啡馆，是法国大革命时期，各派用于密议的高档咖啡馆。巴黎督政府的巴拉斯子爵很喜欢光顾这家咖啡馆。1793 年 9 月，巴拉斯子爵作为国民公会军的总司令，包围法国南部反革命叛乱的据点土伦，那时他曾把一位年轻有为的中尉提拔为准将，但是回到巴黎后，他因忙于混乱的政局，彻底忘了这回事儿。1795 年 8 月，这个中尉手持介绍信再次出现在他面前，他名叫拿破仑。拿破仑在这两年间，当上了旅团的将军，但后来被解职了，因为他针对自己的上司——意大利驻军司令，策划了一场阴谋。又因为和下台的罗伯斯庇尔的弟弟关系密切，而被怀疑有密谋造反之嫌，诸事不顺的拿破仑一直抱怨自己不走运，于是前来依附正显赫一时的巴拉斯子爵。巴黎督政府当时正在寻求既能削弱右翼保王党势力又能

拿破仑

回刀打倒左翼先贤祠俱乐部的方案。巴拉斯子爵把这位曾经的部下任命为自己的副官，频繁地光顾意大利咖啡馆，开始筹划密谋。这一年的 10 月，即葡月 13 日，巴黎爆发了保王党的叛乱，拿破仑受命镇压叛乱，他作为"葡月将军"开始崭露头角。拿破仑很善于推销自己，据说他经常在意大利咖啡馆发表演说。巴黎督政府不仅受到来自保王党的威胁，更为先贤祠俱乐部而绞尽脑汁，特别是后者，巴贝夫因特赦出狱而加入其中之后，先贤祠俱乐部就一直以克雷蒂安咖啡馆为据点展开活动。1796 年 2 月 26 日，受巴黎督政府之托，又是拿破仑·波拿巴将军以武力打倒了先贤祠俱乐部。

　　拿破仑铲除了巴黎的政治性咖啡馆，开始走上夺取波旁王朝王冠之路，之后他又把雄踞东方的哈布斯堡家族的神圣罗马帝国置于死地。1805 年，拿破仑攻陷了维也纳，奥地利政府使节团一直拒绝媾和条约，拿破仑恫吓使节团，令他们胆战心惊。拿破仑把手里的咖啡杯摔到地上，看着摔得粉碎的咖啡杯，他斩钉截铁地说："我也能让贵国如此。"维也纳人一看到咖啡就会联想起国家存亡的危机，这已成了深入骨髓的习惯，很快他们就颤抖着答应在条约上签字。1804 年，拿破仑当上了皇帝，德国本来就已像摔碎的咖啡杯碎片了，而拿破仑继续对其肆意

蹂躏，彻底解体了德意志民族神圣罗马帝国。1806 年，拿破仑
攻陷柏林，11 月 21 日，颁布《柏林敕令》，宣告大陆封锁。

　　所谓的大陆封锁并不是封锁大陆，而是通过大陆封锁海洋。
只有不按常理出牌的拿破仑才会想到这样的战术。普鲁士投降
拿破仑后，继大西洋和地中海，这个海洋封锁计划眼看着连波
罗的海都要控制了。然而海洋被封锁了，咖啡也就被封锁了。

　　拿破仑不可能不顾忌咖啡。咖啡没有什么正经营养，却能
让人精神振奋，据说正是拿破仑把咖啡引进以士气为重的军队
饮食的。那把咖啡怎么办好呢？就只能依靠产业了。虽然很难办，
但是拿破仑是无所不能的。法国政府奖励各种发明，促进产业
革命，比如改良了织布机、发明了取代靛蓝的色素、开发了新
型砂糖等等。关于咖啡，值得一学的伟大榜样当属德国普鲁士。

腓特烈大帝和咖啡代用品

　　普鲁士是非常具男性气质的国家。马尔堡伊丽莎白教堂的
彩色玻璃上描绘的亚当和夏娃的画中，引诱亚当的夏娃是女人，
条顿骑士团对这一事实觉得无法忍受，就将夏娃都描绘成了男
性，普鲁士人强硬的男性气质完全可以与曾经的条顿骑士团相

腓特烈大帝

媲美，极具魅力。其中，腓特烈大帝最具男子气概，是一位杰
出人物，大帝这一称谓名副其实，他不单单是男人中的男人，
而且是女人统治时代的男人中的男人。他和奥地利的玛利娅·特
蕾莎、操纵着法国路易十五的蓬巴杜夫人、"喜欢伏特加和体
格健壮的士兵"的俄罗斯女皇叶卡捷琳娜都有很深的关系。欧
洲三大皇室处在 3 位女性的统治之下，不允许大帝男儿的任意
妄为，在她们结成的仇恨同盟面前，腓特烈大帝受到孤立，这

个大男子汉气急败坏，1756 年 8 月 29 日，他入侵了中立国萨克森公国（自此以后，入侵中立国就成了普鲁士德意志的拿手好戏），拉开了七年战争的序幕。最后战争不分胜负。但是，新兴的普鲁士与处于压倒性多数的敌人开战，却没有失败，这点是至关重要的，男子气十足的大帝使女皇们承认了普鲁士在今后欧洲的重大权力地位。

1763 年 2 月，腓特烈大帝结束了七年东奔西跑的征战时光，回到柏林，等待着他的大业是重建战火中的荒芜家园。普鲁士是一个军国主义国家。军国主义国家就是为了维持强大的军队组织，经济遭受压迫的国家。若不在国土上扶植产业，通过战争确保的权利就等同于无。为了恢复被俄罗斯烧毁的东普鲁士的农业，他投入了骑士团的马匹。在柏林、布雷斯劳、哥尼斯堡都兴起了工厂手工业，特别是促进了纺织工业的发展，不久之后，丝织品、毛织品成了普鲁士的主要出口产品。腓特烈大帝的经济政策是重商主义。压制进口、增加出口是第一要诀。但是有一项愚蠢之极的进口商品，那就是咖啡。

腓特烈大帝是一个集矛盾与魅力于一体的男性。他很早就受到启蒙运动的影响，却成为一位专制君主；他一生征战沙场，却给后世留下长笛曲谱；他厌倦了与女人的战斗，满身男人的忧郁，在波茨坦建造的无忧宫里，夜晚的床上只和爱犬相眠。这种类型的男性怎可能不喝咖啡？他所喝的咖啡也充满了矛盾，他在咖啡里加入香槟煮沸，最后还要放胡椒。但受到启蒙运动影响的理性一面，让他认为光荣的普鲁士国民竟然喝这种饮料，结果造成每年 70 万塔勒的巨资流入荷兰，真是不可理解。腓特烈大帝让医生们散布咖啡有毒的言论，结果毫无效果。

总之，必须彻底压制咖啡消费。在这个基本的施政方针下，咖啡代用品产业快速成长起来。军人冯·海涅少佐的夫人多年来苦于胆囊病，医生就让她煎服菊苣的根。菊苣是表面看上去很像蘘荷的草，叶子可以做沙拉吃，别名也叫苦苣，正如其名，有股苦味。也许是考虑到苦的东西都可以成为咖啡代用品，冯·海涅少佐夫人在煎服菊苣根时不仅不觉得难喝，甚至认为和咖啡有相类似的口感。其实这也不是什么新鲜事，新鲜的是这对夫妻竟然申请了专利。1769 年，夫妻二人以注册商标形式，向不伦瑞克市当局申请了专利，菊苣咖啡开始进行批量生产。注册商标背景是漂浮在海上的荷兰船只，中间画着一个播种菊苣的人，上方写着"即使没有你们，也会健康、富饶"。

叶子可以做沙拉，根可以做咖啡的替代品。这正和以"质朴刚毅"而闻名的"普鲁士社会主义"精神相契合。之后，普鲁士的化学工业竞相致力于咖啡代用品的开发。出现了各种陆珍制造的咖啡，比如有麦芽、大麦、黑麦、甘蔗、无花果、蝗虫豆、花生豆、大豆、橡子等。不仅用陆珍，还用海味制造咖啡，海草咖啡也上市了。因为这些原料并非都是有益健康的，于是又完善了法律，禁止用有损健康的原料制造咖啡。总而言之，以化学工业为傲的德国，其热情是惊人的，很长一段时间里，"德国咖啡"就是"咖啡代用品"的代称。

顺便说一下，想喝纯正咖啡的老百姓只有一个办法，那就是把少量的咖啡最大限度地稀释后再喝，这叫作"搀开水的咖啡（Kaffeepantsch）"。即使生气叫嚷别把咖啡当成白酒了，也毫无办法。更为优雅的叫法是"小花咖啡（Blümchenkaffee）"，那是因为当时非常流行梅森咖啡杯，杯底画有小花图案，咖啡太稀，以至于都能清楚地看见杯底。

拿破仑严禁一切咖啡的流通。无论是从西印度群岛还是爪哇，咖啡都过不来，因为海被封锁了。咖啡是检验封锁效果的标志，"波拿巴不停地、细致地调查英国的物价表。要是得知英国金价高、咖啡便宜，他就非常满意大陆封锁的效果"（马克思《经济学批判》里引用的詹姆斯·迪肯·休谟《关于谷物法的书简》）。

　　只有经由土耳其、埃及、叙利亚的阿拉伯摩卡又焕发了昔日的光彩，因为对于地中海的东南部，拿破仑的禁令形同虚设。而德国的咖啡进口主要依靠汉堡，汉堡被完全封锁了。要是完全被禁封了的话，那汉堡作为德国启蒙主义的根据地，其引以为傲的理性主义怕是要名不副实了。城里的商人们绞尽脑汁，尝试各种走私方法。从丹麦开往汉堡的列车上堆满巨大的棺材，里面当然装的是咖啡。当汉堡车站的检察官一靠近，搬运棺材的人就大声喊"鼠疫"，然后就飞快地跑起来。检察官战战兢兢，慌不择路地跑回家，咖啡就安全流入城里。这是一个相当成功的例子，启蒙思想的理性操纵了神话式的恐惧。

　　但是，即便是偶尔有走私的咖啡出现在市场上，也和过去腓特烈大帝时代一样，又被标上老百姓无法企及的高价。老百姓手里有的依然是"德国咖啡"，它们被赋予倔强的说辞"即使没有你们，也会健康、富饶"，装点着国家清教徒主义。只要不是持久地喝一样东西，什么都行，那就接连不断地加以发明和开发吧。菊芋、大丽花的球根，蒲公英的根，牛蒡、菊花的种子，杏、豌豆、雏豆、乌喙豆、蝗虫豆、七叶树果实，芦笋的种子和茎，羊齿，大凌风草，做饲料用的芜菁，杜松的果实，芦苇的根，平豆、芦苇的穗，野生的李子，七度灶的果实等等，还有很多，像伏牛花、山楂的果实，桑葚、西洋柊树的果实等，只要烤一下，多少带点儿焦褐色的东西，什么都行，真是豁出去了，甚至还有南瓜子、黄瓜、葵花籽。这还不是全部，但这已经够多了吧。要是再加一个很具有德国特色的东西的话，那就是试图用啤酒花制造咖啡。这番气势，与其说是大地的食粮，不如说大地本身都很可能自称为咖啡。德语把这种咖啡代用品叫作"Muckefuck"，其词源的意思就是"腐朽的褐色大地"。真让人惭愧，但是不能感到惭愧，要是这么个程度就觉得惭愧的话，那就没法和这个国家打交道了。总之，这就是拿破仑大陆封锁的结果。霍夫曼以 1809 年为时代背景，创作了短篇小说《葛路克骑士》，其开头部分有下面这句话，充分反映了这个时代的浓郁气息。

甜菜咖啡的香味弥漫着。

霍夫曼在这一方面是一个非常敏感的人，在《金壶》里也出现了咖啡壶和砂糖萝卜等怪物。1809 年 12 月 15 日，拿破仑和长年相伴的约瑟芬离婚了。约瑟芬出生于马提尼克，马提尼克大地很快就接受了阿拉伯的种子，而 15 年的婚姻生活，约瑟芬也没能孕育出拿破仑的孩子。

咖啡和砂糖的世界史意义

极具忍耐力的德国人发起反抗了，爆发了反拿破仑的战争。各国国民觉醒了，奋力摆脱拿破仑的桎梏，在莱比锡之战（1813年）中，英国、普鲁士、俄国、瑞典的联军击败了拿破仑。当然其中各种政治因素、经济状况、意识形态也起到了作用。但是，我在此想引用卡尔·马克思的话，他对此问题做出了惊人的简洁论断。

> 由于拿破仑的大陆封锁，造成了砂糖和咖啡的匮乏，这驱使德国人发起反拿破仑的暴动，这也是光荣的1813年解放战争的现实基础，显示了砂糖和咖啡在19世纪所具有的世界性历史意义。
>
> （《德意志意识形态》）

这不是作为玩笑写出来的，马克思刻苦钻研世界革命理论，不是一个随意说笑之人。马克思所言及的事态，必须认真地从史学辩证法的角度来理解。德国苦于咖啡和砂糖匮乏，渴望从拿破仑的统治下解放出来，而当愿望达成之时，德国又再次被极其德国式的咖啡和砂糖的咒语所束缚。

　　亚当·冯·穆勒是德国浪漫主义国家论的代表人物之一。1806 年，他在德累斯顿举办反拿破仑的系列演讲之际，反对法国大革命的理念，认为应该从身份和国家有机体方向来寻求德国本有的面貌，他的这一主张引起很多人的共鸣。他懂得抓住人心的窍门。那些维护法国大革命各种理念的国家，在德国人眼里都是"Surogat"。Surogat 就是代用品的意思。人们已经厌倦了咖啡、红茶和砂糖的代用品，要是连自己深爱的祖国都要成为代用品，他们是无法忍受的。尽管还不知道自己的国家会变成什么，但是他们想要一个真正的德国。实际上，穆勒的国家论在后来让德国远离西欧民主主义方面起到了很大的作用。顺便插一句，德国人的"追求真东西"的精神和国家意识形态相结合，可以说是深入骨髓。最近，EC 做的市场调查显示，法国人对咖啡里掺杂各种各样的代用品没有太大的抵触，而德国人却特别在意"真正的"咖啡这一点。德国过去惨痛的精神创伤留存至今。

　　德国驱逐了拿破仑，以普鲁士为核心，逐渐形成了一个"真

正的"、充满"自然、有机、本能式真正意味"的国家。但是，
"咖啡和砂糖的世界历史性意义"所带来的战争，实际上对于
无比热爱咖啡的欧洲人来说，未必就产生了有利的结果。而且
如果认为马克思的论断说明了一切的话，那就太过教条主义了。
读过《战争与和平》的读者都知道，打破大陆封锁、逼拿破仑
退位的是俄国"伟大的卫国战争"。但是，俄国的胜利意味着
什么？如果读了《战争与和平》的结尾部分就会很清楚。战胜
了拿破仑的皮埃尔、娜塔莎、索尼娅们的交谈暗示着后来的"十二
月党人起义"，他们在一时安逸中，尽情享用的是红茶。他们
是多么充满自信啊！俄国胜利了，对于西欧来说，意味着红茶
主义的南下，而这是强行的。被占领国家的人都向占领军的文
化献媚。沙皇亚历山大的俄军驻扎在巴黎，那里掀起了红茶热，
很多咖啡馆都改名"Bistro"，这个词是根据俄语"быстро"而来的，
意思是"快"，就是要给进出的俄国军人快速提供红茶之意。

柏林甜品店风格的咖啡馆

马克思的"咖啡和砂糖的世界历史性意义"，这话必须从
几个相关的方面来理解。其一就是普鲁士首都发展起的奇特咖

啡馆里咖啡和砂糖的关系，也就是说柏林式的咖啡馆具有甜品店风格。吃蛋糕的甜品店风格的咖啡馆，为什么会在普鲁士军国主义盛行的柏林扎下根呢？这是一个必须要解开的谜团。

伊斯兰教苏菲主义的咖啡本来是苦的，后来是土耳其加入了砂糖。给欧洲甜腻的咖啡蛋糕文化带来决定性影响的是威尼斯。自古以来，威尼斯就是欧洲砂糖贸易的中心，是从埃及、塞浦路斯、叙利亚等地进口砂糖的大门。早在 1150 年，这里就诞生了砂糖糕点店，而且除伊斯坦布尔以外，欧洲大陆最早的咖啡馆（1648 年）就诞生在威尼斯圣马可大教堂广场的一角。打那以来，欧洲的咖啡就注定了和砂糖以及蛋糕难舍难分的命运。德国也是同样的情况。要想快速了解德国人的咖啡饮用特点，只要听一遍巴赫的《咖啡康塔塔》就足够了。扮演女儿一角的歌唱演员反复唱道"咖啡甜过千个热吻"，嗓音尖细刺耳，令人生厌。要点就是德国的咖啡放足了砂糖，非常甜，而且在声部方面，喜好咖啡的阶层主要由女高音担任，取代了伦敦"啜饮泥水的青蛙"中的男高音。

威尼斯圣马可大教堂的广场号称越老越妖艳的"亚得里亚海女王"，18 世纪，其周围林立着众多的咖啡馆，比如维持至今的佛洛里安咖啡厅等。咖啡还有蛋糕里都加入了大量的砂糖，威尼斯的甜品店和咖啡馆是那个时代的当红产业，很多人为其繁荣所吸引聚集于此。其中不仅有游山玩水的文化人，还有很多是来异国谋生的人们，因为他们家乡缺乏相应的产业。

欧洲屋脊阿尔卑斯山犹如一道巨大的屏障，耸立在威尼斯和其背后的德国之间。现在说到瑞士，是世界上屈指可数的观光地，高档酒店鳞次栉比。但实际上，起码要到19世纪的后半期，欧洲人才在英国人的倡导下，开始意识到山岳之美，并完善了前往瑞士的道路和铁路。拿破仑的军队翻越阿尔卑斯山打败奥地利军时，道路状况和汉尼拔布匿战争那时候没有太大的区别。生活在瑞士山岳地带的人们，苦恼于人口过剩，遂离开美丽的故乡，要么给欧洲各国当雇佣兵糊口，要么就只能去欧洲各地打工。瑞士山区的恩格丁人最先聚集的地方，就是位于他们故乡南部、极尽繁华的威尼斯。而"外国务工人员"惯常的做法是，一旦看到成功的希望就把一家老小叫过来。可以说17、18世纪，威尼斯与砂糖糕点和自助餐厅相关的商业领域，基本都由他们垄断着。有记录显示从1693年到1701年，他们光酒税就缴纳了286491里拉。他们的生意一直兴隆到1766年，这一年，由于和威尼斯当局之间产生矛盾，从事糕点行业和经营自助餐厅的958名恩格丁人被驱逐出城市共和国。

他们必须在新的土地上重建营生。从欧洲屋脊上环望四周，
与威尼斯相反方向的北部有一座不久之后将要壮大起来的都
市。于是他们向"亚得里亚海女王"告假，19 世纪后，开始涌
入偏男性化的新兴都市柏林，并且很快就形成垄断之势。正是
这些来自瑞士高原地带的恩格丁人在柏林的繁华大街建起了甜
品店风格的咖啡馆，这种风格贯穿整个 19 世纪的柏林。砂糖
糕点商约斯提最早来到柏林开起蛋糕店，1818 年，据说一个叫
乔万尼奥里的创建了柏林式的蛋糕店兼咖啡馆，之后又经过施
特里、斯潘尼亚巴尼、斯特巴尼等人的发展，最终形成了柏林
式咖啡馆。关于瑞士人的成功，1846 年有如下记载。

　　这些自由的瑞士人，早在几个世纪前，他们就远离故
乡的山水和峡谷，给各地的独裁者充当贴身侍卫，给北德
人赠送蛋糕和咖啡。瑞士人的无上权力扩展到整个北德的
糕点制造业。瑞士人的糕点制品和瑞士人的忠心一样出名。
而且事实上，在阿尔卑斯山旅行过的人，恐怕没人否认瑞
士冰激凌制造商的地位，他们制造的冰激凌和果汁露冰激
凌，口感绝佳。他们的商品管理非常干净，适应他乡生活
条件的能力极强。他们接待客人的方式毫不做作、彬彬有

礼、让人舒适，这很对柏林人的脾气。

　　这里记载了瑞士人在普鲁士首都柏林大获成功的秘密，他们并没特意锁定女性，却让吃蛋糕的咖啡馆大获人心。这是因为瑞士人精心研究对方国情。普鲁士这个国家，因为1813年到1815年对拿破仑的战争胜利而充满着自信，其骨干是普鲁士军人。恩格丁人正是锁定了普鲁士军人这个目标。约斯提的店里装饰着身穿军服的历代普鲁士王的肖像，即便仅仅只是一块蛋糕，也华丽地上演了一番普鲁士军国主义精神。店里陈列着战争时用的重炮。星期天市民众多，热闹非凡。市民们聚集在柏林繁华的菩提树大街上，为壮观的军队游行而兴奋，这个时期的管乐团已经达到完美境地，市民们沉醉在不断吹奏的喧闹中，用掺了浓浓砂糖的蛋糕和咖啡来适度缓解疲劳和饥饿。在约斯提的店里，这些和普鲁士军队相关的人士绝不会感到不愉悦。总之，恩格丁人被锻炼成满怀忠心的侍卫，在法国，曾经护卫路易十六进驻杜伊勒里宫，和"亚马孙女战士"特罗瓦涅率领的巴黎市民发生冲突，至今在梵蒂冈城国，还能看到其有名的制服身姿，所以他们是最适合这种服务行业的人。普鲁士现役军人和退役军人被他们环绕着，感觉自己被捧成了要人，满足得不得了。

恩格丁人在柏林取得成功，却完全不愿埋骨柏林。他们过了人生的鼎盛期后，就以成功人士的姿态，衣锦还乡，修建奢华的墓地，为自己的长眠做好准备。但是，他们不只是修建墓地，也在圣莫里茨和达沃斯营建豪华酒店。19世纪后半期开始，随着欧洲铁路交通网的飞速完善和扩张，这些酒店群作为避暑胜地、结核病疗养所、滑雪胜地，为即将到来的瑞士观光产业的兴隆做好了准备。

柏林所特有的甜品店咖啡馆深深烙上了王政复古时代的烙印，通过普鲁士军国主义，迂回获得了市民权。咖啡馆以这样的方式获得市民权，意味着从一开始就斩断了像伦敦、巴黎那样作为市民公众性场所发展的可能性。到了20世纪，当然从这里也诞生出咖啡馆文人。要举出一个地道的柏林式文人的话，那就是库尔特·图霍夫斯基了吧。他是吃多了蛋糕，为肥胖而苦恼的类型。

巴西的诞生

拿破仑的出现、大陆封锁给咖啡文明带来了世界范围的影响，与此相比，德国、柏林只能算是地方性的话题。都说"咖啡讲葡萄牙语"，我们有必要听听咖啡发出的第一声葡萄牙语的啼哭。

巴西这个独立国家的存在，其本身就离不开拿破仑的大陆封锁政策。1807年，也就是颁布《柏林敕令》的第二年7月，针对大陆封锁的关键国家葡萄牙，拿破仑要求该国所有的港口不能给英国使用。由于葡萄牙不服从，11月拿破仑派朱诺将军率领的军队占领了里斯本。而葡萄牙王室在英国海军的保护下，渡海来到殖民地巴西，寻求新的王室所在地，从1808年开始的14年间，里约热内卢在若昂六世的领导下，成了葡萄牙的首都。拿破仑走后，葡萄牙本土想把巴西再次恢复为以前的殖民地，但是遭到了已经手握支配权的巴西大地主和资本家的反对。1821年，若昂六世回到了葡萄牙，留下儿子佩德罗摄政，佩德罗却在翌年宣布巴西独立，自称佩德罗一世。拿破仑在欧洲大陆不断对各国的咖啡文化加以压制，却让大西洋的彼岸——那片足以匹敌欧洲大陆、尚未开发的广阔大地上，诞生了不久后将与咖啡共命运的国家。

大陆封锁给19世纪"砂糖和咖啡的世界历史性意义"带来了决定性的变化。在大陆封锁的影响下，欧洲对于一些之前

巴西咖啡的采摘和运输

一直依赖海外进口的商品，不得不开始寻求自给自足。我们已经看到了欧洲人发疯般地致力于咖啡代用品的开发，但是最终也没有出现能凌驾于真正咖啡之上的代用品。另一方面，在一直依赖进口的砂糖的自给自足方面，欧洲却开拓了新道路。

甘蔗是在马其顿王国的亚历山大大帝远征印度之时发现的，恒河河谷地带生长的芦苇含有甜味，打那以来，印度的砂糖就出口欧洲、阿拉伯半岛、波斯和中国。甘蔗在大航海时代被运到西印度群岛，开始大规模、低成本地生产，这和咖啡的历史是一样的。这种砂糖，也就是甘蔗糖，也因大陆封锁而断绝。普鲁士在亚洲和西印度群岛没有殖民地，所以致力于开发替代甘蔗的砂糖代用品。1747 年，德国的化学家马格拉夫发现甜菜的根部含有糖。1801 年，西里西亚的阿哈德成功地从甜菜里提取出糖。随后赶上了大陆封锁，砂糖的匮乏促进了甜菜糖业的发展。没有人把甜菜糖叫代用砂糖，欧洲实现了砂糖的自给，那些以砂糖为主要出口商品的国家受到打击。当时最大的砂糖出口国、受拿破仑大陆封锁政策影响最大的国家正是巴西。

据说咖啡是 1727 年流入巴西的，是德·克鲁把咖啡带到马提尼克四年后的事情，但是咖啡的种植并没有快速普及开来。1500 年葡萄牙人发现了巴西，之后巴西发展了只面向欧洲市场生产商品的、典型的单一经济结构。巴西人一开始便向欧洲出口极受珍视的巴西苏木、砂糖、黄金和钻石，进口欧洲各国的工业产品，这就打碎了在巴西发展手工业的可能性。而现在砂糖的前景不妙，咖啡作为新的出口商品受到瞩目。于是巴西转向了咖啡种植，这是北半球的欧洲没能成功自给自足的商品。

1818 年，巴西生产的 7.5 万磅咖啡第一次出现在欧洲市场上，这一年欧洲咖啡的消费量是 1500 万磅，巴西咖啡的数量并未引起关注。但是，不久之后发生的事态，让欧洲把目光转向巴西。当时都预计西班牙和法国之间要发生战争，如果发生了的话，那西印度群岛的咖啡就会再次陷入断绝的危险，于是世界的目光都在注视着巴西的桑托斯。在世界的瞩目之下，作为不久后将掌管世界咖啡循环的中枢，巴西开始了大张旗鼓地准备。

第六章　德国东非殖民地

『德国的主妇们啊，请购买殖民地的商品，帮帮你们的殖民地吧』

KOLONIALHAUS EISENGRÄBER
Deutsche Frauen! Helft Euren Kolonien durch
Einkauf ihrer Produkte:
Kolonial-Kakaos   1.70—2.80
    „ Schokolade   1.05—2.20
    „ Röstkaffee   1.00—1.80
    „ Speiseöl   1.15
Versand nur: **Berne b. Bremen**
Filialen: **Halle a. S. — Cassel.**

殖民地贸易公司的宣传广告
1890 年左右

寻求殖民地

　　与咖啡相伴的旅程已经过半，通过前文我们对英国和法国都有了比较详细的了解，如果对德国的情况敷衍了事的话，就会有失偏颇。从我们的观点来看，欧洲近代市民社会就是喝着咖啡、讴歌"自由、平等、博爱"的社会。但是欧洲没有"自由、平等、博爱"的精神水准，反而诞生了市民社会下不像父母的鬼孩——法西斯主义。为我们提供了典型特例的就是德国。

　　1883 年，德国在安哥拉湾获得了第一块非洲殖民地，次年 3 月 28 日，在柏林成立了"德国殖民地协会"。这个协会是国粹主义心理治疗师、基督教教徒彼得斯等结成的，他们曾在英国逗留过，认为殖民地并不只是为了大资产阶级的利益，也是为了给那些人生冒险家和在自己国家落魄的人们以新的生活希望，所以认定德国也必须获取殖民地。"德国最初建设农业殖民地和安排移民"的资金筹措方式极其简单，保守的贵族和军官以及中层市民会员一人出 50—500 马克，购买今后获得的殖民地的所有权。彼得斯以欺骗的方式拉拢、收买东非部族的族长和村落的长老，总之用恶毒的方式获取了德国第四块殖民地，也是最大的殖民地（大约 14 万平方千米）。

本来俾斯麦领导下的德国政府的殖民地政策非常谨慎，但是对于获取非洲殖民地也予以积极的援助，当然他们有非常明确的理由，普鲁士容克的产品生产过剩，需要确保销路。普鲁士容克的土地上，要说什么过剩，那就是马铃薯了。用马铃薯酿造的马铃薯白兰地这种代用品是普鲁士的特产。对于身为普鲁士容克的俾斯麦来说，马铃薯白兰地的销路不畅、库存积压是一个严重的问题。要说有多严重，1886 年 3 月，政府甚至采取了白兰地专卖的方式，从中就可窥一斑而知金豹。

除此之外，德国还有比马铃薯白兰地更为严重的问题。城市里不断发生罢工，治安混乱，农村也因定期爆发的经济危机而疲惫不堪。而且德国人口在不断增加。法国已经在普及避孕措施，而德国在这方面的普及还很落后，所以造成人口爆发式增长。人口和"生活空间"应该保持正比例的关系，这一德国式的理论盛行开来。德国参与帝国主义的殖民地竞争起步晚了，所以德国没有殖民地。德国人是"没有土地的国民"。德国的产品没有足够的销路。这些堆积如山的问题都需要通过获取殖民地来解决。

1882 年，莱茵兰、威斯特法伦、西里西亚的著名产业家和柏林的贴现公司组成"促进殖民和出口的西德协会"。其核心成员有德国工业中央同盟的总书记亨利·阿克塞尔·比克，克虏伯公司的弗里德里希·阿尔弗雷德·克虏伯，古特霍夫农格矿山的卡尔·卢克，盖尔森基兴的埃米尔·吉尔道夫，波鸿协会的路易斯·巴莱，代表莱茵兰、威斯特法伦矿山业利益的弗里德里希·哈马哈等。从这些成员的构成就可知，苦于寻求销路的不仅仅只是普鲁士的马铃薯白兰地，还有德国的骨干工业——鲁尔地区的钢铁、煤炭产业。在获取非洲殖民地上，普鲁士的大地主和鲁尔地区工业地带的利益是相吻合的，德国也加入世界列强瓜分殖民地的竞争中，世界正以瓜分非洲为轴心，开始向着第一次世界大战转动。

德国咖啡种植园

咖啡树的故乡在东非，咖啡来自面向红海的港口城市摩卡，这些知识连孩子的图画书里都写着。于是任何人都会想到在东非建咖啡种植园的点子。那适合咖啡生长的土地又在哪儿呢？

"德国东非协会"拜托一个叫奥斯卡·鲍曼的研究者寻找具备条件的地方。被选中的是乌桑巴拉山东部的丘陵地带，那里靠近海岸，水源丰富，人口密度较小。1892 年到 1898 年是咖啡种植园泡沫公司林立的时代。把新的人生之梦寄托在殖民地咖啡之上的狂热不断被煽动着，像疯了一般深入人心。资金规模在 50 万到 180 万马克左右的咖啡种植园公司在柏林、汉堡、科隆、杜塞道夫、埃森等地竞相成立，"德国东非协会"自己旗下也成立了"德国东非咖啡种植园公司"。东非的德国领事为了获取土地竭尽全力地斡旋。莱茵贸易种植园公司有 200 平方千米用地，萨卡莱公司有 50 平方千米用地，乌桑巴拉咖啡种植公司有 40 平方千米用地，德国东非咖啡种植园公司有 139.8 平方千米用地。

需要立刻解决的是运输的问题。计划建咖啡种植园的地方都没有能供船舶航行的河流，于是只能修建铁路了，这正是鲁尔钢铁产业所期待的。为了运输大量的咖啡，必须铺设从蒙博到坦噶的 129 千米的铁路。民间的东非铁道公司创建于 1891 年 10 月。1896 年 4 月，首先开通了从海边的坦噶到穆海扎的 40 千米铁路线，但这段线路区间内并没有什么值得一提的产业。开始运行后铁道公司很快就为赤字叫苦连天，但是又不能让公司倒闭。让"咖啡线路"倒闭就是抛弃众多的种植园所有者，而且让德国在殖民地建起的第一条铁路关张的话是有伤德国国威和国民感情的。结果 1899 年，铁道公司被国有化。直到 1905 年 2 月，最初计划的 129 千米线路才全线开通。

但是咖啡种植的经营很不景气。德国东非咖啡种植园公司在营业的 23 年里盈利的只有 3 年。最后的 10 年里，收益是42704 马克，而损失是 173034 马克。到 1898 年，这些泡沫咖啡公司投资的资金总共大约有 600 万马克，但是收益率很糟糕，更没想到的是咖啡价格开始跌落。正是这个时期，生产了世界90% 咖啡的巴西开始出现生产过剩的倾向。1890 年，巴西桑托斯 100 公斤的咖啡价格为 175.6 马克，到了 1898 年跌到 67马克，进入世纪交替期后，虽然恢复到 80.4 马克，但 1903 年7 月又创下了 53 马克的最低值。

乌桑巴拉山东部的咖啡种植园失败了。除了因为雨水过多的气候条件外，最致命的原因是种植园过于密集，难以确保充足的劳动力。

东非的雇佣工人

德国东非殖民地拥有资金，也拥有土地，但是劳动力完全得不到保证。德国东非殖民地共有 606 处种植园，总面积达 1062.92 平方千米，约有 750 万黑人在此居住。尽管如此，种植园的所有者们还是为确保劳力而煞费苦心。咖啡好不容易迎来收获期，却没人采摘。比如 1913 年莱茵贸易种植园公司原本预计将产出 4 万—5 万公斤的咖啡却因劳动力不足而未能采摘。这种劳动力不足的现象是有着合乎情理的历史性缘由的。19 世纪最后的 25 年里，直到欧洲殖民主义者涌入之前，这片土地上还一直进行着奴隶买卖，其"集散地"就是桑给巴尔。对于黑人来说，为了工作，离开家人和故乡，去海边的种植园会唤起他们关于奴隶的悲惨记忆，生活在没有文字社会的人们总是拥有更强的记忆能力。而且生活在卢旺达和布隆迪的 350 万人属于山岳民族，不适合农田劳作。马萨伊族是靠狩猎为生的部族，也不做农活。已经居住在城镇、靠搬运货物和从事其他工作为生的居民，也没有去种植园工作的必要。族长和其他黑人社会的名士们及其家人更不会去种植园工作。整个人口的

75% 是女性、老人和孩子，剩下的年龄在 15—40 岁之间适合种植园劳动的男性总数只有 75 万—80 万。

据 1913 年的统计，9.2 万人，也就是上述人口的约八分之一的人在种植园工作。德国人购买的种植园用地总共有 5421.24 平方千米，而 9.2 万名工人劳动的种植园面积只占其中的约 20%，要是让计划的种植园全部运作起来，那就意味着居民中能劳动的男性里，两人中就要有一人在种植园工作，而这是极不可能的。更何况还只是数量的问题，更令人担忧的是劳动力质量的问题。

于是德国人给咖啡种植园引入了劳资关系，也就是雇佣劳动，这可以说是近代资本主义市民社会的精华。雇佣劳动在欧洲人眼里已经是很"自然"的事了，出卖自己的劳动力换取货币，这是人自由平等的现实基础。工资平等，月薪一律是 16 马克。即便是在种植园工作的白人，也是一个月 16 马克。只要有了货币，就可以购买任何东西，可以自由平等的资格参与市民社会。黑人也必须明白其中的益处。

但是，黑人劳动者完全不理解资本主义社会的雇佣劳动。首先他们分不清工作和业余时间的区别，也不理解双方作为法律主体签订的合同，以工资和劳动力进行交换，意义何在。不理解也是理所当然的。必须出卖劳动力来换取报酬，黑人没有这样的社会性理由。雇佣劳动有其形成的历史性原因。在英国是非常典型的，因为圈地运动农民离开了自己的土地，被迫为他人出卖自己的劳动力，这是必然的历史性原因。而黑人实际上并没有与土地和各自的生产手段隔离开来。黑人是自由且平等的选择性主体，是在种植园工作还是在祖传的土地上劳作，他们可以从两者间进行选择。而且从黑人的角度来看，即便是发给他们工资，手里拿上货币，也没有理由去烦恼是买德国想卖的马铃薯白兰地，还是买非洲本地酒。也就是说，他们很难成为商品交换社会下自由平等的选择主体。

黑人拥有自己的田地。他们意识不到料理田地必须选择在假日，或是在工作结束后的傍晚。如果有需要，无非就是不去"工厂"了而已。他们根本不明白劳动合同的意义，自由地行使本来已经出卖了的劳动时间。因此，虽然德国人给种植园引入了雇佣劳动，但想让黑人像柏林工厂里的工人那样，从早到晚工作 10 个小时或 12 个小时，完全就是幻想，工作时间这一观念在此行不通。在德国人看来，既然已经作为自由平等的法律个体，用劳动力这种商品换取了报酬，黑人的做法就是违反合同的，但是因为劳动力不足，又不好随便解雇。

　　乌桑巴拉咖啡种植园苦于长期劳动力不足。在没办法的情况下，德国人想出了一个好主意，就是不购买工作时间，而购买工作日。比如签订 4 个月里只需到工厂上 30 天班。即便如此，很多情况下合同还是不被遵守。这种时候，雇主就强制该黑人补上，让其在种植园劳动，有时也让其去修路。黑人即便来上班了，也未必工作，就算惩罚他们，关进大牢里随便拘禁，好像也无关痛痒。剩下的就只有体罚了，用打河马的鞭子抽打黑人。这鞭子不仅用于惩罚，在日常的交流上也非常起作用。在近代市民社会这个复杂的社会组织中，培养起能充分进行沟通的会话能力，是很花费时间的。欧洲人作为近代市民社会的普通成员已经掌握了这种能力，可是他们却彻底忘记了这是需要费很多时间的。历史发展的成果已经被看作是"自然"，而黑人没有经历过这样的历史，就被看作是"生来就是干粗活的天生的奴隶"。

　　虽然导入了近代市民社会的精华——雇佣劳动，最后却产生了事与愿违的结果。雇佣劳动本应是保证近代市民社会的自由和平等的，却变成了强制性劳动。结果就是认为"黑人不懂劳动""不懂货币""不会抽象性思维""没法教育""自由、平等和博爱还为时尚早"。但是，那是欧洲人理解的文化，理解的"法"，理解的"自由、平等、博爱"。黑人有黑人的"法"，黑人的"自由、平等和兄弟之爱"，这些都没被重视。

　　实际上，早就有人调查过原住民的法律意识。比较法学家们就曾对德属东非的法律状态展开调查，一个名为约瑟夫·科勒的学者对这次调查进行了总结，并为我们介绍了一种非常有趣的结拜兄弟的仪式，这种仪式发生在乌干达和布科巴的原住民之间。决意成为兄弟的两个人，从一个刀鞘里取出两颗咖啡豆，一人手拿一颗，在自己的腹部弄出血痕，流出的血浸到各自的咖啡豆上，然后放到手心里伸出去，对方用嘴含起吃掉。这是一种象征性仪式，寓意着从同一个肚子里诞生的真正的同胞兄弟。瑞士的巴霍芬论述说，刀鞘和蛋是母胎的象征，共有大地母亲、共食其粮食是共同体成员的盟约，他认为人类社会在远古时代有一个母权时代，以崇拜大地和母亲为宗教基础。巴霍芬的《母权论》在很长一段时间里不被理解，遭到忽视。1901年，科勒在比较法学相关杂志上发表了题为《东非的班图法》的报告，介绍了使用非洲咖啡豆的结拜仪式。科勒是比较法学界的泰斗，与巴霍芬之间也有交集，他拥护巴霍芬的理论，为巴霍芬在德国扬名提供了巨大的帮助。科勒认为分享两颗咖啡豆的共食仪式，是远古时期母权时代的兄弟之爱的观念在发挥作用。

这个民族式的血腥仪式充满着血和大地的气味，可能给人的印象和咖啡不相符。伊斯兰教是和地缘、血缘进行了壮烈的角逐之后确立起来的，咖啡经由伊斯兰教这一神教的精神世界传播到全世界，进而在欧洲近代市民社会中，又获得了"理性的利口酒"的评价。也就是说，咖啡离开东非后，和欧洲近代市民社会的发展产生了紧密的联系，然而在周游地球一周的时间里，东非居民对咖啡豆所拥有的法律上的观念却处于"停滞"状态。

法律观念上的停滞并不代表无法无天的状态。作为统辖共同体的"法"是很有效的。但是欧洲殖民主义者的到来使得自古以来的"法"失效了。显而易见，统率部族社会的族长和老辈们在白人面前软弱无力，不理解白人所说的法律，自古以来约束自己的"法"又失效了。当无法理解的雇佣劳动和鞭子一起强制实施时，就会爆发黑人起义，这一点部族族长和欧洲人都完全无法理解。

马及马及起义

1905 年 7 月 31 日，东非的马图姆比山中爆发了黑人起义。

这就是大规模的、带有神秘色彩的马及马及起义。

马及马及是什么意思呢？如果不了解背景知识，只听到"马及马及"这个发音，似乎很像令人怀念的"泽木泽木"圣水（渗渗泉圣水）的发音。如果可以从阿拉伯语"泽木泽木"这个发音里感知水的形象，那也能从斯瓦希里语的"马及马及"的发音中听到水的声音吧。毕竟我们之前也受到过伊斯兰的文字神秘主义的熏陶，有对言语神秘主义的认识，用泽木泽木和马及马及来表达水，不会让人觉得有什么不可思议。

众所周知，麦加的泽木泽木圣水能治愈疾病。那东非的马及马及又是何物呢？据黑人的传说，在远古时代，干旱和饥饿不断，世界的造物主木隆古"为了恢复腐烂大地的秩序"，派呈蛇身的农业之神柯雷罗来到人间。1905年，柯雷罗宣告了神的启示，即其主木隆古规定的白人毁灭的日子即将到来。黑人预言家们开始用柯雷罗授予的神水马及来款待信徒。这是一种可以保护人们不受任何伤害，保证丰收，治愈疾病，去除妖魔咒语，让死者复苏的神奇圣水。只要洒上圣水，从白人枪炮里飞出的子弹，就会像"落到涂了油的肌肤上的雨滴"一般，从黑人的肌肤上滑落。勇敢者奋起吧！胆小者将会被来自内部的火烧光。信徒们为了接受马及圣水的洗礼，成群结队地去圣地巡礼。于是从马图姆比山中开始的暴动瞬间变成大规模的起义，波及德国殖民地南部 26 万平方千米，演变成一场圣战。

1905 年 10 月后，德国派遣军队，用机关枪镇压马及马及起义。但是游击战一直持续到 1907 年 1 月。防止游击战最有效的手段就是让全体居民挨饿。尼亚萨湖附近的一个部族，在起义前有 3 万人，起义被镇压后，因战争和饥饿最后仅剩下 1000 到 1500 人。因马及马及起义而死亡的总人数达到 7.5 万人。逃到毗邻的葡萄牙殖民地的黑人多达数万人。德国东非殖民地遭受毁灭性的打击。

瓦尔特·拉特瑙

应如何重建东非殖民地？这是德国本土最重要的议题。首相伯恩哈特·冯·比洛决定派帝国殖民地大臣伯恩哈特·德恩伯格前往东非。德恩伯格为了筹划重建东非，邀请了自己最信赖的朋友，也是德国经济界最为杰出的、富于才智的人同行，这人就是瓦尔特·拉特瑙。瓦尔特·拉特瑙是德国著名电气制造商 AEG 的公子、柏林通商公司的老板，这个时期他刚好从柏林通商公司引退，正在犹豫是靠写作为生还是投身政界。于是他欣然答应一起去非洲，迈出了走向政界的第一步。

1907 年 7 月 13 日，瓦尔特·拉特瑙从柏林出发，经过那不勒斯、苏伊士运河，航行在"激烈晃动的红海"之上，又经过亚丁到达东非。8 月 2 日到 10 月 13 日，他到处打听马及马及叛乱的经过以及黑人的母崇拜、蛇崇拜和他们的乐园观念等，而且特别视察了以咖啡种植园为首的殖民地经营的真实情况。拉特瑙对德国殖民者的所作所为极为气愤，到达非洲的第一天，他就目睹了白人用打河马的鞭子和黑人进行沟通的场景。

拉特瑙当下就得出了基本的结论。德国东非殖民地所拥有的真正的价值正是原住民本身。让黑人成为自主生产出口农产品的生产者是最好的，这样通过课税就会给德国带来利益。白人和黑人的武力冲突愚蠢透顶。比起用于镇压的庞大开支，首先应关注的是黑人离开土地而去。从经济角度来看，作为劳动力的黑人才是拥有最重要价值的生产资料。关键是要让黑人能满意地工作。满意、放心、有秩序，这是经济发展的基础。"殖民地最理想的状态是充分发挥其自身内部的所有能量，这样就可以达到适时满足德国本土的各种需求的目的"。不是"榨取黑人"，而是必须采取商业性和技术性的手段。"并不是非洲人在经济活动方面还不成熟，只要更设身处地给予他们新的、能唾手可得的所有物，他们就不会懒惰，就会学得非常快，对利益非常敏感"。

拉特瑙的《东非报告》中有两点让我们很感兴趣。一个是咖啡，还有一个是德国殖民者的性情。拉特瑙关于咖啡的评定毫不留情。

> 咖啡树的产量与其他种植的国家相比，少得太多。由于产品价格低迷，利益和投资不成正比。若干家种植园被放弃，没有一家盈利。

这个评定本身是正确的。其他咖啡生产国，特别是巴西提供的咖啡质量更好，价格更便宜。而且德国政府对东非殖民地的咖啡每 100 公斤加以 40—60 马克的关税。东非的咖啡种植家们认为这是"对理性殖民地政策的嘲笑"。尽管一开始报以热切的期待，可是德国东非殖民地的咖啡并不兴旺。1912 年占整体出口的 6%，1913 年占 2.6%，落后于椰仁干、花生、蜡，是排在第八位的出口产品。1907 年，乌桑巴拉咖啡种植园的前景已经完全陷入黑暗。但是德国人没有放弃对咖啡的希望。有一处很有希望的地方，他们中的很多人就转移去了那里，那就是乞力马扎罗。

乞力马扎罗和摩卡

在乞力马扎罗，最先种植咖啡的是希腊人。但是从 1903
年前后开始，布尔人、意大利人、英国人相继定居，1909 年前后，
因乌桑巴拉东部而着急了的德国人也蜂拥而至。1909 年，乞力
马扎罗的南面斜坡上，建起了总计 28 家种植园，共有 75 万棵
咖啡树，与其相邻的梅鲁有 6 家种植园，20 万棵树。1914 年，
种植园的数量达到 100 家，284.57 万棵树（结果实的树，也就
是种植 5 年以上的树 88 万棵）。乞力马扎罗的咖啡生产飞速
发展，至今还是 10 万当地居民维持高水平生活的来源。

继乌桑巴拉东部、乞力马扎罗之后，面向维多利亚湖的布
科巴是又一处有望种植咖啡的土地。这里本来就是咖啡过去自
然生长的地方，是原住民吃红色咖啡果肉的地方，本就应该种
植咖啡。这是自从 19 世纪末就开始研究这块土地的学者和支
持他们研究的政府的见解。政府强势主导，说服苏丹种植咖啡
的意义，引进德国人。1912 年，这里建起了面积达 1.79 平方
千米的咖啡种植园，并且取得了非常大的成功，1912 年出口咖

啡 67.2 万公斤，超过了乞力马扎罗（30 万公斤），甚至超过了乌桑巴拉东部地区（60.3 万公斤），占据了德国东非咖啡种植的最为重要的地位（占整体的 39%）。布科巴每棵咖啡树的年均收获量要高出很多。乌桑巴拉东部地区每棵树只能结 22 磅的果实，而布科巴的是 100 磅，另外乞力马扎罗的是 96 磅。而且布科巴的咖啡特别受到好评，每年随着质量的不断提升，价格也节节攀升。1905 年，每公斤是 0.22 马克，1908 年涨到 0.32 马克，1910 年涨到 0.52 马克，1911 年涨到 0.93 马克，1912 年更是涨到 1.11 马克。布科巴的咖啡在马赛、阿姆斯特丹、伦敦顺利获得市场认可，因为布科巴的咖啡经由也门的亚丁，因此被冠以咖啡名门"摩卡"之名出售。

德国人在非洲制造了摩卡咖啡，这总有点儿让人想不通。我们似乎有必要再次看看福地阿拉伯。

保罗·尼赞曾写出名句"我二十岁，我不会让任何人说那是一生中最好的年代"（《阿拉伯的亚丁》），1926 年，他离开巴黎前往亚丁。尼赞漫步在咖啡田边，在古老的咖啡店里，目睹了当地人专注地听着"绝对的静寂"。那里曾经的繁华了无踪迹。

17 世纪到 18 世纪，摩卡曾是葡萄牙、西班牙、荷兰、英国等遥远的欧洲国家的三桅商船出入、人口众多而繁华的地方，是华丽商行林立的港口城市。咖啡这种商品，打着"摩卡"之名从这座港口运出，带着东方情趣遍及世界。"摩卡里有一种芳香……福地阿拉伯飘荡的芳香……"但是20世纪初的摩卡是一个仅有400人的村落，曾经的商行化为废墟，丧失了咖啡装运港的功能，其周边也被沙漠侵蚀，成了人类栖息的最边缘地带。

曾经的一大商业港口城市竟荒废到如此程度，有以下几个理由：一是港口的海底因涌来沙漠的沙子而变浅；再就是这块土地上不断引发政治动乱。但这都不是决定性的原因。也门在其整个全盛时期，一年也没能生产1万吨以上的咖啡，所以在欧洲各国投入巨大的资本推行咖啡种植的爪哇、西印度群岛和中南美洲面前，只能受到排挤。摩卡败给了近代国际商战。在这片土地上，咖啡曾经通过战胜卡特而成为国际性商品，登上世界市场的舞台。但现在，摩卡咖啡失败了，从这个小小的港口不断运出的摩卡咖啡仿佛当年的卡特……但是阿拉伯摩卡的名字留存了下来，针对那些执着于这个名字的消费者，东非的咖啡被运到亚丁，在此被冠以摩卡之名上市。

1913年，德国东非产摩卡咖啡的高价也宣告结束，原因是巴西的供给过剩。而次年的 1914 年，第一次世界大战爆发了。

咖啡种植的成果

因第一次世界大战，德国在东非殖民地倾注的努力都归零了。人世间的一切经营，随着时间的推移都化为泡影，如果空中回荡着诸行无常的声音，那这个世界可能还安泰。人类努力的痕迹该消失的不消失，之后经常会转化为更大的隐患。德国在非洲殖民地的经营，之后就给德国留下难以治愈的祸根，其中之一就是种族歧视的思想。

种植园的所有者为了让黑人适应种植园的雇佣劳动，就必须让他们的"文化性"成长起来，所谓的文化性成长就是"不以武力感化民众"的意思，为此是要花费时间的。丹麦女性伊萨克·迪内森（本名凯伦·布里克森）在乌桑巴拉经营咖啡农场，写出了《走出非洲》一书，她可以说是一位很特别的女性，善良而且对自己的欧洲文明具有反省能力。

期待着土著人欣喜地从石器时代跳到汽车时代的人，

他们忘却了历史之重，忘却了让我们西方人从遥远的过去发展到现在，我们的祖先所付出的努力。

我们制造汽车和飞机，可以教给土著人使用方法。但是，让土著人的心中产生对汽车这类机械的热爱，不是一朝一夕能办到的。这要几个世纪的工夫才可能实现吧。

（伊萨克·迪内森《走出非洲》）

德国人彻底忘记她所说的"历史之重"。因此产生了各式各样对黑人的评价。"黑人比欧洲人，特别是日耳曼人平均晚了 2000 年""黑人是天生的奴隶""黑人无法教育""黑人进行让人忌讳的偶像崇拜""议会制不适合黑人""对黑人来说，自由平等为时尚早"等。在这一点上，令人担忧的是拉特瑙在东非观察到的另一个侧面。

拉特瑙认为要想让欧洲人殖民黑人土地的行为正当化，欧洲人必须对欧洲的各种理念肩负起责任来进行"统治"。但是，关于"统治"这一点，他发现德国殖民者的一些不好的因素。

德国人缺乏绅士，缺乏英国那样广泛的、具有绅士般统治风度的中间层。德国的中间层只习惯于服从，最近总算学会了协调，和别人保持一致。但是成功学会做人上人

的还仅仅是少数个别人，特别是在殖民地寻找新的故乡的
阶层，可以说进展得非常不顺利。

　　处于优势的中层白人的危险之处在于，他们没有从人
们给予的敬意中感到责任，仅仅关注于如何满足自己的暴
君心理。从前的农奴可以成为市民，但是成不了主人（统
治者）。

1909年7月22日，拉特瑙在给斯蒂芬·茨威格的信中写道：

　　所谓的殖民就是要进行有把握的统治。因为在我们国
家，统治即意味着喜悦，就像是暴发户对待下人的做法。
为了统治必须让被统治阶级学会服从的说法是不正确的，
这种说法适用于命令，对于统治，这是不正确的。我们国
家有命令行为，却没有统治行为。

官僚机构填补了拉特瑙所说的"统治"的欠缺。官僚主义
正如其名，就是"官厅的统治"。尽管自古以来就是国家必不
可少的机构，但是国家在海外殖民地设立很多官厅，由公务员
负责本土和当地的沟通，这个工作是很现代的。普鲁士以及德

国公务员整体的强项，据拉特瑙说，就是公务员世家培养出的遵照传统原则行动这一点。然而"对于殖民这项事业，我们德国人没有任何传统，就是原本很有能力的德国管理人员在这个领域也起不到任何作用，这正是有损德国殖民地政策体面的原因所在"。而且非洲的德国公务员，有很多是从其他私人企业里转入的，没接受过作为公务员的"基础教育"。另一方面，从本土派来的"经过国家高级公务员考试的公务员"大多只把两年的殖民地工作当作"跳板"，既没有深入了解当地情况，也不发挥个人的主动性。非洲的"种族情况"，要求每一个种族设立一个官厅，各自负责处理好分内的事情。这就意味着各个官厅必须首先体现出"个人决断、人类智慧、主动权和责任感"。可是，拉特瑙看到的东非德国公务员，没有担负起自身的责任进行有把握的统治，而是服从上面、命令下面。个人害怕自己做决断，却飞扬跋扈，这是匿名性的统治，是不问个体责任的"统一理念"。

原住民是不同种族的黑人。殖民地就是各个人种的熔炉。殖民地不单单有英国人、德国人、丹麦人、意大利人、希腊人、比利时人等欧洲人。很多咖啡种植园因当地劳力不足和效率不高，还雇用了中国人和爪哇人。这里还有像过去一样踏着沙漠商队之路而来的阿拉伯人、波斯人、印度人。人们越来越有意识地关注谁来自哪个国家。由人种造成的区别常态化，排外主义横行。

按照种族进行分类，把属于自己种族的当作"统治人种"，而把"被统治对象"当作"劣等人种"，按照上级的指令，唯命是从地进行合理化管理，从"劣等民族"的"原住民"身上压榨最大的劳动力。德国失去非洲殖民地之后，纳粹德国对待中部欧洲其他民族的"原住民政策"与非洲殖民地政策如出一辙。德国人把对待非洲"原住民"的方法用于"最终解决"犹太人问题时，种族歧视主义就演变为通过国家官僚机构进行的合理化的大屠杀。这也是汉娜·阿伦特从欧洲列强的非洲殖民统治中寻求集权主义的起源。拉特瑙所观察的东非德国人中，的确清楚地浮现出种族主义和官僚主义合二为一的法西斯式的集权主义。

喝咖啡的市民社会总体来说是追求自由、平等、博爱的社会。自由和平等的市民社会的理念，在对本应以进行圆满的商品交换为目标的殖民地——那也是咖啡的故乡——的统治过程中发生转变，反转为与自由和平等相反的产物，那就是种族主义和排外主义。德国人无须构建新的种族理论，因为在殖民主义国家的英国和法国已经诞生了戈宾诺的《论人类种族不平等》等种族理论书籍。只是德国人在亲身经历了殖民统治后，才能真正理解那些理论的内涵。戈宾诺的书于 1898—1900 年被翻译为德语。在德国也诞生了张伯伦的《19 世纪的基础》那样的理论书籍，种族理论成了德国文化阶层的共同财产。在帝国主义攫取殖民地的竞争中，德国登场晚了，却最早贯彻种族主义，发展成法西斯国家，这是一个不幸的逆转现象。咖啡回到故乡，在快到达终点的最后冲刺阶段，上演了一幕惊人的大反转剧，《圣经》里有一句名句"有许多在前的，将要在后；在后的，将要在前"，这一名句在现实中再现了。

第七章

现代

国家

和

咖啡

以咖啡豆为燃料行驶的巴西蒸汽机车

现代战争和咖啡

1914 年夏天，第一次世界大战爆发时，德国没有预计到战争会持久化。因为现代产业国家的原材料依靠海外进口，无法维持历时持久的战争。德国预计战争到圣诞节前一定会结束，但这种预想落空了。英国、法国、俄罗斯三个协约国在美利坚合众国以及其他协约国的帮助下，可以筹措各种原材料，而德国、奥地利、意大利三个协约国，5 年间一直在基本处于断绝海外资源的情况下继续着战争。战争的走向取决于产业界能否用有限的原材料维持生产力。于是，德国在国防部长之下设立了战时物资供应管制局，瓦尔特·拉特瑙出任长官并大显身手。

咖啡文明的前提是世界贸易协调作用，对咖啡文明而言，不共戴天的敌人就是战争。德国历时多年辛苦建起的咖啡殖民地在世界大战爆发前走投无路，被迫瓦解。巴西也在美利坚合众国的压力下对德宣战。因此德国的咖啡面临着断货的绝境。

　　咖啡之类不过是嗜好品，在国家战争的大义面前，应该克制对咖啡的欲望。因为"奢侈是大敌"。要是以这种朴素的精神为指导的话，现代战争经济就无法维持了。咖啡是循环于市民生活体内的黑色血液，而且也是鼓舞斗志不可或缺的东西。咖啡要是断货了，战争就等同于失败了。拉特瑙领导下的战时营养科没有误判这种基本常识，他们为筹措咖啡做出了顽强努力。其报告是这样的：

　　　　咖啡对德国来说，已经成了不可或缺的国民饮料。咖啡对人体有刺激作用，鼓舞人体发挥最大的能力。国防部以及战时营养科充分认识到这点，为给战场上的士兵和后方的重体力劳动者提供咖啡，进行了大量的储备。无论是酒精饮料还是香烟，它们都不能像咖啡那样给予持续性的刺激。

　　现代战争都是总体战。德国能否确保咖啡供给是预测战争走向的风向标。德国有汉堡和不来梅。汉堡港经营着 85% 的德国咖啡贸易，林立着极具存储能力的咖啡仓库，这点让其他欧洲港口城市都非常羡慕。不来梅主要经营中美洲咖啡，港口和市里的仓库合起来能储藏 25 万袋咖啡。1914 年 7 月 31 日，汉堡在这天的咖啡储备量是 1925803 袋（每袋 60 公斤），而不来梅的储备量是 90891 袋。

但是，1913 年，也就是战争爆发的前一年，德国的咖啡总消费量非常巨大，达到 164113600 公斤。正如战时营养科意识到的，缺少了咖啡，德国的国民生活无法想象。其国民能否喝到咖啡取决于能否从中立国进口到咖啡豆。战争爆发后的一段时间里，英国没有进行阻碍，克制着对德国咖啡贸易的干涉。而中立国荷兰的两大商业都市阿姆斯特丹和鹿特丹也尽最大的努力维护咖啡的自由贸易。

国民生活渐渐地笼罩上了乌云。这和咖啡这种商品的特殊性有关。咖啡在平时也是价格变动很剧烈的商品，战争爆发前，有的年份比前一年上涨了 2 倍，有的年份则跌落一半，灵活应对咖啡国际价格的变动是确保咖啡进口的第一要诀。战争形势让人预测到咖啡会过剩，所以咖啡自战争爆发到 1915 年晚秋，一直以比平时低的价格交易。德国当时一段时间里有充足的咖啡储备，且咖啡价格走低让德国做出误判，1915 年 11 月，咖啡价格上涨时就出现了问题。年末，德国政府设定了 1 磅咖啡 101 芬尼的最高价格，这和中立各国国内咖啡价格基本一致。也就是说，之前给德国卖咖啡赚取利润的中立国，再不能期待从对德贸易中获取比本国更高的利润，于是中立国就停止了向德国出口咖啡。1916 年 1 月 3 日，德国决心强制收取国内闲置的外国咖啡，但结果非常失败。收取的数量大约只有 100 万袋，远远低于预计的数量，只够平时全德国几个月的平均消费量。战争还要持续 3 年。

德国的化学产业以咖啡代用品产业的传统为荣，在战时，努力致力于帝国咖啡代用品"gloria（光荣）"的生产，可是老百姓不买这种"光荣"的账，于是德国被迫到处张罗着从中立国购入咖啡。这种状况很快就被一般消费者察觉，于是就转向囤积咖啡，这越发加剧了咖啡从市场上消失，成为导致高价的原因。政府面临严峻事态，因为必须确保陆海军的咖啡供应。1916 年 4 月 5 日，政府以柏林为本部，设立了"咖啡、红茶及其代用品的战时委员会"。委员会的第一要务就是给陆海军供应咖啡。其采取的措施是接管生咖啡豆。保管生咖啡豆的人都有义务申报保管的地点、品种和数量，数量在 600 公斤以上的，接管其 75%，剩下的通过零售店流入市民手中。委员会的第二项任务就是以柏林为据点，促进咖啡的进口，管理其价格。因此与荷兰的协调是必不可少的。荷兰的爪哇罗布斯塔咖啡是战时回流到德国市民以及军队中的黑色血液。

为了打击德国的士气，英国决定无论如何必须对荷兰施压，阻止其给德国"输血"。1916 年 11 月，新收获的 100 万袋咖啡正要离开爪哇，其中 35 万袋计划向德国出口，但是大英帝国掌握着制海权，阻止荷兰船起航。到达荷兰的咖啡仅够维持荷兰国内的咖啡需求。荷兰最终放弃了向德国出口咖啡。

黑色革命德国版

德国的咖啡断货了，事态严峻，这不只是国民士气低下，而是输掉战争的事。库尔特·图霍夫斯基，一个在罗马尼亚前线执行军务的下级军官，他预感到乌黑的东西不断逼近。他是柏林具有代表性的咖啡馆文人，预感到德国在进入魏玛共和国时代后，将与普鲁士军国主义展开更为白热化的搏斗，一个个预言令人毛骨悚然，不幸的是都被他言中了。

这个时候，尽管后方的咖啡供应不足，他身为战场上的军人，还是能喝到咖啡的。图霍夫斯基是品尝着柏林甜品店式咖啡馆的咖啡和蛋糕成长起来的身材肥胖的文人，他的苦恼不是单靠咖啡就能解决的。战争末期，图霍夫斯基写了一首名为《心痛》的诗。

> 大清早一喝咖啡——我那满是皱褶的肚腩啊，
> 你为什么空摇晃呢？
> 的确即使没有砂糖和牛奶，也总会有办法，
> 所以就不给我们供给土豆了吗？
> 没有肉也没有蜂蜜，没有猪油也没有鸡蛋，
> 早晨的餐桌是多么荒凉！
> 但有一样东西，我的肚腩啊，让我们两个最为苦恼，
> 鲜奶油……
> 鲜奶油断货了！
> 不光是在喝咖啡的时候——啊！真讽刺啊！
> 让我们一起攀爬诗歌女神居住的森林吧，
> 无论艺术市场如何呐喊，
> 都比不上有钱家伙的号叫。
> 穿着童装的表现主义，
> 五位数支票的艺术，

但我怀恋昔日勃拉姆（自然主义戏剧的先驱理论家）
的时代。

鲜奶油……

鲜奶油断货了！

看一下未来吧——到底是什么将要到来呢？

这个号称伟大的时代过去之后，

泪水、鲜血和污辱，

以及国民的呐喊，

还有什么将要到来？

为了孩子们，充满希望的一代，

将到来什么？

映在我眼里的是黑色——

我的年轻人们，噢，鲁道夫啊，我的儿子，

鲜奶油……

鲜奶油断货了！

映在黑色咖啡里的黑色未来。那是比起罗马尼亚战线，在
北海和波罗的海的军港更显"漆黑"的局势。

约阿希姆·林格尔纳茨是一位在海军服役的作家。在其自

传《战时的一员水兵》中，生动地描写了海军士兵渐渐喝不到咖啡的状况。林格尔纳茨为了排遣库克斯港的无聊，常常伴着浓咖啡不停地写剧本，每每感叹咖啡的匮乏。他怜惜普通士兵，用军官的特权购买咖啡，最后竟到了每逢外出就偷指南针卖钱来买咖啡的地步。事情发展至此，该来的终究要来了。

德国革命是从海军开始的，这是完全合理的。海军在整个战争中闲得发慌。余暇时光是所有创造性和解放性行为的源泉。战争初期过后，海战完全处于一种僵持状态，库克斯港、威廉港和基尔军港的海军士兵无所事事地打发着每一天。如果他们能种种马铃薯或是踢踢足球之类的可能就好了。但是，不知什么原因，就是没有有效地利用余暇时间。伙食也不好，还没咖啡，连假装的士气也装不出来。难以打发的闲暇时间往往会导致革命暴动，最好能通过有趣的对话消磨掉这些闲暇时间。然而最要命的是，海军机智的部分都体现在 U 形潜艇作战上了，一般士兵每天见到的净是些说话语速快、缺乏才智、无聊至极的上级。日复一日，凑在一起，和无聊的上司重复着乏味的对话，消磨时间，再没有比这更令人不快的事了。最后在败局已定，战争眼看就要结束时，海军却接到出击的命令，这无疑是让他们去送死，从威廉港起航的水兵们忍无可忍，发动了叛乱。在基尔军港，水兵们结成"Räte（协议会）"，揭开了德国革命的序幕。战前，皇帝威廉二世梦想着普鲁士多年以来的夙愿——到海外发展，完成了连接波罗的海和北海的运河，立下豪言壮语"德意志的未来在海上"。要是德意志的未来在海上的话，那皇室的未来应该也在海上。基尔燃起的大火很快越过运河蔓延到威廉港，这预示着皇室运数已尽。士兵的叛乱波及整个海军，霍亨索伦王朝葬身鱼腹。库克斯港的"林格尔纳茨们"首先袭击了食品仓库，掠夺咖啡豆，在自己的房间喝干最后的咖啡，向长期以来无聊至极的海军生活告别，然后奔向柏林。德国革命是一场孕育着黑色未来的革命。

这个时期，有一群人在冷静地观察事态的进展，那就是应对咖啡匮乏的战时营养科的官员们。他们意识到一个重大的问题，本应流入德国、奥地利、匈牙利这些中欧咖啡消费国的咖啡，在这4年间停止了，这意味着什么？这些国家在战前大概估算要消费450万袋咖啡，究竟是谁消费了这些咖啡？即便是协约国一方比以前多消费了一些，数字也是对不上的。而且法国姑且不论，英国和俄罗斯本来也不是大量消费咖啡的国家。结论只有一个，"战争结束之际，德国门前将会一下子冒出大量的咖啡，必须以某种途径来消费"。不久之后，即将到来的魏玛共和国就不得不消费大量的咖啡，只在家庭里增加咖啡消费量是远远不够的，必须在全国的角角落落建大大小小、各式各样的咖啡馆。即将到来的 20 世纪 20 年代，至少在咖啡和咖啡馆方面，注定成为黑亮的"黄金 20 年代"，这是咖啡经济历史的必然。

疯狂　暗杀　武装起义

疯狂

战争末期，还有一位在战场上苦闷的士兵，他不是为了喝不到咖啡，而是为注定败北的德国未来感到忧虑，这个上等兵就是阿道夫·希特勒。1918 年秋，他眼睛失明，住在位于北德的帕泽瓦尔克的野战医院里，失明据说是被毒气所害。但是医生们认为他是癔症性的失明，给他治疗的是精神神经科的医生们。其中有一位叫恩斯特·魏斯的年轻医生后来成了作家，写了一本叫《见证人》的小说，书里涉及了希特勒（小说里的 A.H）因狂热信仰导致失明的内容。他的狂热信仰就是把自由、平等、博爱的市民社会转变为种族主义和法西斯主义的疯狂。

　　1917 年，德意志祖国党成立，这个党总体上和 A.H 的思想一致。没有阶级，也不能有其他政党，地球上只有一个伟大的民族，就是被神选中的德意志民族，世界必须被德意志民族解救。就像耶稣基督是王中之王一样，德意志民族是民族中的王，通过其文化精神，进而通过武力，作为即将到来的人类民族的救世主，把所有讲德语的人集结到德意志民族至上的旗帜下，和欧洲所有血统纯正的民族一起统治世界。奥地利人 A.H 之所以加入拜恩连队就是为了这个德意志的使命。他是这样说的：

　　……犹太人玷污了德国人血统的纯正。罗圈腿的犹太私生子们令人生厌，他们欺骗了几十万纯洁的金发少女。犹太人就是黑色的鼠疫。犹太人对于白色人种的德国人来说就是真正的黑色人种。（请留意犹太人就等同于黑人这个等式）……

　　……瓦尔特·拉特瑙就是犹太世界资本恶魔的代言人，他企图在德国谋反。拉特瑙并不是什么德国战争经济的伟大、冷静、赫赫有名的组织者，如果没有他德国在 1914 年战争爆发那年的圣诞节就已经失败了之类的论调，纯属无稽之谈。战争之所以失败是因为这个犹太雌猪掌握了最高司令部乃至帝国最高权力，让犹太人的世界谋反获得成功，背叛并出卖了信任他的帝国……

医生们都认为这个患者的失明是一种癔症似的症状，是由于他不愿看到德国败北而引起的，是患者顽强意志力的表现。为了治愈失明，精神神经科的医生反向施治，宣布他的眼睛治不好了，但是又追加了一句，要是普通人的话是治不好的，如果患者是具有坚强意志的人，比如像带给世界伟大变革的基督、穆罕默德、拿破仑的话，也不是没有可能发生奇迹。

奇迹发生了。恢复了视力的 A.H 从野战医院出院了。魏玛共和国时代即将开启，眼看着近代市民社会总算要造访德国，从我们的观点来说，这个时代始于暗杀拉特瑙，终于希特勒获取政权。

暗杀

第一次世界大战结束后的德国，有两条路可供选择。一个是提高市民的购买力，让人成为自由且平等的选择性主体，通过商品交换形成一个中产阶层国家。还有一个就是彻底实施在非洲萌芽的种族歧视思想，走上法西斯道路。拉特瑙被暗杀，德国选择了后者。

恩斯特·魏斯在《见证人》中，对暗杀拉特瑙做了如下的描写：

> 德国依然很平静，没有人激动。人们认为不幸的拉特瑙很可怜，认为不幸的暗杀凶手们很可怜，他们在废弃的城池里，被团团包围，不得已自尽了。没有人去追究真正的幕后策划者（希特勒及其同伙）。我听海尔姆特和他的朋友R（都是纳粹的信奉者）说，明明都知道他们在哪里，但是，两个狂热信徒的过激爱国主义行为，被众人认为是一种免罪符，这是最适合掀起革命的瞬间，但是却成了赞誉拉特瑙荣誉的葬礼。

关于暗杀拉特瑙事件，还有一份文学性的文献，就是恩斯特·冯·萨洛蒙的《不法分子》。萨洛蒙遵从自己的信念，参与了暗杀拉特瑙，作为帮凶服刑5年，1928年出狱后，从加害者的视角，细致地描写了暗杀拉特瑙事件，他本人就是通过这本《不法分子》成为一名作家的。

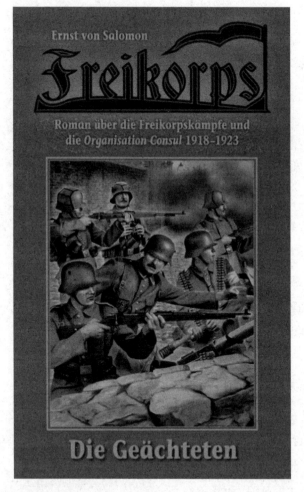

《不法分子》封皮

萨洛蒙不是被煽动而参与杀害素不相识者的，那样就不配叫暗杀者了吧。他专心阅读了拉特瑙的著作，甚至去听其演讲。

> 让我吃惊的不是声调，拉特瑙的声调和我阅读他的著作时想象的完全相同，他冷静而又温和。让我震惊的是演讲一开始的几句话里充满的激情，而这激情毋庸置疑是真的。大臣说"无比令人心痛"。"我们现在面临着如何解决西里西亚起义这一难题。"他的开篇沉静，但令人铭刻于心，让人感受到束缚着他的深深的悲哀。

萨洛蒙们必须打倒魏玛共和国，为此必须打倒的不是总统艾伯特，不是精明强干的政治家谢德曼，不是国防军的泽克特，而是拉特瑙。因为只有拉特瑙才是魏玛共和国的核心理念和力量，是具有"历史性实质"的人。1922 年 6 月 24 日，拉特瑙乘车去外交部，刚离开位于格鲁内瓦尔德的家就被射杀了。拉特瑙暗杀事件让英国首相劳埃德·乔治哀叹说："德国因这次暗杀而自杀了。"

拉特瑙不单单只是经济界的大腕儿，或是发挥自己的经济

学特长参与《凡尔赛条约》谈判的外交部长，更是一位哲人实
业家，留下了众多质量上乘的哲学论著。事实上，他可谓是直
面新时代发展的经济学专家。比如，他所负责的战时物资供应
管制局的工作，在资本主义经济史中，显示出某种独特的局面，
那就是战时统一经济——在直接限定的原料下开展生产。换个
角度的话，也是苏联成立之前，唯一实施过的一次计划经济。
拉特瑙在实施这个计划经济的过程中，预感到将要瓦解现行资
本主义经济的某种东西，而之前的资本主义经济对此一无所知。
暗杀拉特瑙可能意味着比"德国自杀"更大的损失。

武装起义

战争结束之时，德国门前将会涌来大量的咖啡，战时营养
科做出的这个推测，在有一点上是错误的。战争结束了，可是
德国苦于革命、反革命、暗杀、武装起义的混乱局面，还有天
文数字的通货膨胀，完全没有消费咖啡的闲暇。统治着市井民
生的依然是啤酒馆。

其中心是啤酒酿造厂林立的慕尼黑。男人们从骨子里为自
己是个德国人而骄傲，他们依然聚集在啤酒馆谈论政治。尽管

咖啡国民化了，但在德国，政治性的咖啡馆——即使多少有些例外——还是很特殊。因为政治性的咖啡馆被看作是"西欧式的、地中海式的制度"，是"非德国式的"。只有从啤酒酿造厂里飘升到澄澈天空中的白烟才是"德国的香气"（路德维格·克拉格斯）。

一个天才的煽动家出场了，那就是克服了癔症性失明的阿道夫·希特勒，他利用了德国男人心灵深处对啤酒的挚爱。这个从维也纳来的男人其实也不是特别地喜欢啤酒，他经常在慕尼黑施瓦宾的咖啡馆里喝着红茶，大口吃着蛋糕，1923 年 11月 8 日，他在慕尼黑引以为豪的贝格勃劳凯勒啤酒馆里发动了"啤酒馆起义"，在喜好啤酒的德国人间建立起广泛的人缘，不久之后抓住了获取国民支持的突破口。在胜利之时，贝格勃劳凯勒成为"运动圣地"，墙壁上装饰着德国纳粹党党旗，信奉纳粹的善男信女们前来巡礼。

但是，露了脸的希特勒必须先从历史的台前退下，因为过激的政治运动退潮后，所谓的相对安定时期到来了。从 1924年到 1929 年这相对安定的五年时间里，却孕育出了某种与咖啡的发展具有因果性、宿命性关联的"种子"，为了能够看清这一过程，我们必须离开德国，把目光抛向巴西。

焦灼地狱

阿拉比卡咖啡经由非洲、阿拉伯群岛、爪哇、荷兰、西印度群岛来到巴西，在咖啡产量占52%的圣保罗州，海拔600米到800米间肥沃的高原山谷找到了理想的水土，开始惊人的繁殖。从20世纪初开始，巴西就苦于咖啡的长期生产过剩。要灵活应对咖啡需求，就应该抑制生产。但是，这对咖啡来说是极其困难的。种下新的咖啡树，开始收获要到5年以后。而且咖啡树一旦开始结果，其后的30—40年就会持续挂果。咖啡的生产量也绝不是单纯根据咖啡树的数量和树龄就能算出来的。咖啡树对气候条件非常敏感，就算气候稳定，挂果的咖啡树经常在丰收之后，就好像倾尽全力了一般，会持续歉收好几年。因为这些原因，能灵活有计划性地调整生产的可能性不大。另一方面，咖啡不是那种价格跌落就能刺激人们的购买欲、需求就会上涨的商品。咖啡产量不稳定、价格浮动剧烈，而且一般都会生产过剩。这对巴西来说意味着很大的风险。

20世纪初，巴西生产了全世界咖啡总量的四分之三以上的咖啡，成为地地道道的让咖啡循环的心脏。对巴西来说，咖啡

巴西咖啡种植园

绝不属于嗜好消遣的范畴，即便它是欧洲人的嗜好品，20 世纪初，90% 的巴西国民都从事咖啡产业，外汇收入 90% 以上依靠咖啡出口。巴西的命运完全仰仗着咖啡。

　　巴西政府被迫制定咖啡政策。为了对抗咖啡生产的不稳定性和市场价格的变动，就需要通过保持咖啡供给量的平稳来稳定价格。1906 年，事态紧迫。咖啡大丰收，也就是发生了生产过剩，这些咖啡要是上市必定导致价格大跌。圣保罗州首次执行《价格稳定计划》。为了避免价格大跌，政府机关收购咖啡，等市场恢复后再卖出。

收购咖啡的资金只能依赖从欧洲贷款。以汉堡富商赫尔曼·吉尔勘为首的欧洲商人理解巴西很有可能发展为革命的危机，给予圣保罗 300 万英镑的贷款。巴西用这个钱收购了 200万袋咖啡，为了抬高价格，让一部分咖啡在纽约、汉堡、伦敦、巴黎的仓库里搁置。巴西政府又以仓库里的咖啡为担保进行融资，进一步收购咖啡。如果有必要，甚至不惜以国有铁道做担保。到 1908 年，通过国家收购的咖啡达到 800 万袋。一直期待的咖啡歉收却始终不来，搁置在仓库的咖啡直到 1913 年 2 月才全部上市。巴西看似脱离了危机，但是第二年战争开始了。

巴西曾经的优质客户，中欧的德国、奥地利和匈牙利，甚至中立的丹麦、瑞典这些重要的咖啡消费国都消失在战争风云中。对于巴西来说，唯一可依靠的是协约国的购买。1917 年，法国接受 200 万袋，美国白宫接受 100 万袋的桑托斯咖啡。作为补偿，巴西向德国宣战。巴西因水雷损失了众多的船只，希望能接手在大西洋沿岸港口等待战争结束的 40 余艘德国商船。咖啡最终令一个国家卷入了战争。

　　1918 年，战争结束了，但是事态很复杂。巴西期待只要战争一结束，欧洲就能让咖啡需求复活。但是，德国是以革命的形式结束的战争，所以战后政局极度混乱，1922 年，又被天文数字的通货膨胀穷追猛打，完全没有增加咖啡消费量的余力。严重的问题在胜利国一方同样存在。1920 年，很显然德国没有支付赔偿的能力。放弃了获得赔偿的社会主义俄国自不必说，很明显英国和法国也不可能因战争胜利而带来经济繁荣。战后的几年里，欧洲无论是战败国一方，还是战胜国一方，都不存在增大咖啡消费的大众基础。

　　虽然如此，巴西还是奇迹般的好运连连。1917 年还被迫实施《价格稳定计划》的巴西，在第二年的 1918 年，幸运地迎来了因霜害而造成的咖啡大歉收。翌年，又一个让人难以置信的奇迹对巴西露出了微笑，美利坚合众国颁布了《禁酒法》。美利坚合众国，这个强大的邻国是第一次世界大战后唯一一个能大量消费咖啡的国家。这个大国竟然禁酒了，好像突然举国改信伊斯兰教逊尼派了似的。咖啡的历史就是和酒竞争的历史。脱离了伊斯兰世界的咖啡史中，还没有哪个国家自发地禁过酒的。这自然带来了美国咖啡消费量的飞跃式递增。1913 年，美国只从巴西进口了约 650 万袋咖啡，1923 年，进口量达到

1100万袋。从1919年到1920年，美国掀起了咖啡热，所以巴西得以抛售了多年来的库存，获取了巨大的利益。

即便如此，1922年，巴西政府还是不得不制订并实施了新的、永久性的《价格稳定计划》，政府看似暂时取得了成功。但是，如果意识到《价格稳定计划》的成功实际上是仰仗于歉收和《禁酒法》这类奇迹的话，那就应该能看到令人害怕的先兆。如果没发生这样的奇迹，说得更绝对一些，如果美国的购买力下降了，那巴西就会迎来咖啡贸易的崩盘。这将和1929年华尔街的股票大跌一起来临。

把1929年这一年当作是重大转折点的话，就会让人觉得恶魔就是咖啡树的自然属性，咖啡树从种植到收获要花费5年时间。往前数5年，也就是1924年，德国接受了美国提出的《道威严斯计划》，终结了天文数字的通货膨胀，进入相对安定期。欧洲整体从战争的疲惫中复苏，1924年也可以说是"黄金20年代"开始的那一年。巴西如上所述，除了连续的奇迹外，还因为欧洲也恢复了购买力，所以享受着咖啡的高价位。但这又引发了致命的错误。《价格稳定计划》里是有漏洞的，一边主张着限制生产，另一边却缺乏有效制约开辟新种植园的规定。人们普遍认为咖啡贸易的景气还会持续一段时间，这种误判促使人们不断扩大种植园的面积。而且通过巴西多年来的《价格稳定计划》获利的还有巴西以外的咖啡生产国。这些国家也和巴西一样在扩大咖啡种植面积。这些新种植园栽种的咖啡树就是 5 年后爆炸的定时炸弹。

果然到了 1929 年，巴西 5 年前栽种的咖啡树苗取得了创纪录的大丰收，定时炸弹按时按点起爆了。圣保罗咖啡机构的咖啡收购已经不可能了。10 月，华尔街的股票开始大跌，经济危机迅速席卷整个世界，使巴西再无法保障执行价格稳定政策所必需的金融。而且整个世界的购买力锐减，1928 年 6 月 30 日到 1930 年 7 月 1 日的两年间，咖啡价格跌落 53%，考虑到外汇的话，实际上是跌了三分之一。巴西的咖啡价格恢复政策执行得非常极端。如果让价格恢复的话，那么种植园所有者们肯定又开始再次致力于咖啡生产。为了切断这个恶性循环，必须寻找一种方法，在努力恢复价格的同时打消生产欲望，而且还能减少堆积如山的库存。于是一个大胆且简单的方法应运而生，国家对出口的咖啡征收 100% 的关税，政府再用征收的关税收购并销毁库存。一开始生产者一方完全唱反调，但是到了 1931 年 4 月，他们也开始采取行动执行这个方案。巴西每年销毁 1200 万袋咖啡，而且这要一直持续到库存全部处理完，咖啡生产欲望消减，生产总量减少为止。从 1931 年开始，巴西销毁的咖啡总量达到 46992840 吨，这相当于全世界两年半的咖啡消费总量。

咖啡销毁开始了。大量的咖啡被焚烧，从船的甲板上用煤铲扔到海里。巴西一开始作为殖民地被发现，后来通过奴隶贸易和移民，被强行推行咖啡单一作物栽培，最后成为司掌欧洲近代市民社会黑色血脉的心脏，咖啡大国巴西的破产绝不仅仅是一个国家的破产，而是欧洲近代市民社会脏器的损伤。巴西销毁咖啡的报道和其惨烈情景的照片一起传遍整个世界。德国各大报纸也纷纷报道了巴西销毁咖啡的新闻，其中有一张照片刊载在 1932 年 3 月的报纸《妇女之路》上，一辆冒着烟疾驶的蒸汽机车上，站着 4 个男人，两个人脸上浮现着发呆似的冷笑，剩下的两个人面部僵硬。一个人手拿煤铲正把煤送到下面的动力室，看起来像煤炭，其实那是咖啡豆。蒸汽机车以咖啡豆为动力，飘散着芳香疾驶在巴西大地的山河间。伫立在这张照片前，我所想到的是，说是过去，也不过是 400 年前的事。Qahwa 突然出现在伊斯兰世界，教徒们怀疑咖啡豆是《古兰经》上禁止吃的炭。咖啡豆不是炭的论证确立起 Qahwa 在伊斯兰世界的合法地位，而且也是咖啡获得世界贸易重要商品地位所不可缺的论证。但是经过 400 年之后，到了全世界都喝咖啡的时代，在巴西，这个处于心脏地位、执掌咖啡循环的国家，却将咖啡变成了炭。巴西既没有苏菲们的"理念上的 Qahwa""人神合一"，也没有欧洲近代市民社会形成过程中发扬的"精神的黑色之光"，有的只是命中注定要生产过剩而满地翻滚的 46992840 吨商品。还不能说是商品，应该说是堆在眼前的异形之物，它们连成为商品的"垂死挣扎"都失败了。巴西桑托斯的近郊，十几平方千米的土地上，堆积着数百万袋咖啡，它们被焚毁，冒着烟、燃烧着。这里完全就是笼罩着咖啡香气的焦灼地狱。"喝咖啡的人死后不堕焦灼地狱"，这句谚语流传在禁欲又十分谦虚谨慎的伊斯兰苏菲间。但是放纵消费欲望，把咖啡喝了个够的欧洲市民社会却走到了焦灼地狱。

当时的巴西虽然试图转换产业结构，但出口总额的 70% 以上依然依赖咖啡，巴西的国家理性决定销毁咖啡。面对报纸所报道的事实，德国 600 万失业人士恐怕很难理解。自己国家的国民性饮料被焚烧，被扔进大海里，而销毁咖啡的费用就来自于自己购买咖啡的货款。在此呈现出的，是资本主义商品世界结构的极端形态，不仅疏远生产者，还疏远消费者，是资本主义商品社会疯狂到家的需求、供给关系，难以理解的国家理性，过剩商品"咖啡"和过剩的"劳动力"。人们开始对资本主义的社会秩序抱有疑问，甚至考虑告别资本主义。

　　"燃烧的咖啡"是导致德国魏玛共和国谢幕的最为合适的一击。魏玛共和国末期的人们因"燃烧的咖啡"而心情焦躁，这在恩斯特·布洛赫的《这个时代的遗产》一书中有所涉及。

《库勒·汪贝》电影海报

布莱希特对事态做出最为迅速的反应，他创作了电影《库勒·汪贝》，对这个销毁咖啡的世界提出质疑——"世界是谁的"。

销毁的咖啡相当于全世界两年半的消费量，这一事实所映射出的是市民社会的现状，人们每天汗流浃背的劳动毫无价值。这明显反映出资本主义自由经济已失效，对崭新的国家秩序的渴望，犹如一股浓郁的芳香飘荡在德国的上空。而纳粹主义最先从这股芳香中恢复生机活力。紧接着，在1932年7月的选举中，民族社会主义德国工人党获得230个议席，一跃而成第一大党，开启了纳粹第三帝国的大门。

第三帝国，这本来是继父之国和子之国之后，欧洲民众梦寐以求的、由圣灵统治的太平盛世。但是众所周知，从第三帝国大门深处释放出来的是另一种焦灼地狱。

终章

黑色
洪水

巴西咖啡豆上市的情景

第二次世界大战

　　国联准备向德国的集中营派遣调查团,管理集中营的SS(纳粹党卫军),骷髅总队为了营造和平气氛,应对调查,在营内紧急建造起咖啡馆,让囚犯们在窗边悠然地喝咖啡。奥斯威辛集中营里,以洗澡之名把犹太人送入毒气室之前,鲁道夫·赫斯对他们说:"洗完澡后给你们热腾腾的咖啡。"1942年,赫斯家里飘荡着咖啡的芳香,但是也掩盖不住从焦灼地狱里散发出的"烤肉的气味"。

　　这个时期,在日本,咖啡已经断货。日本并没有像第一次世界大战时德国的战时营养科那样做丝毫的努力。昭和十八年(1943)5月,第一高等学校的学生清冈卓行在宿舍报纸《向棱时报》上发表了一篇文章,这篇文章让审查的特别高等警察紧张起来。

　　陀思妥耶夫斯基曾经在穷困潦倒之际大声疾呼："如果我现在能喝到一杯咖啡，世界任他怎样。"这痛快的话语真令人怀恋。

　　　　　　　　　　（清冈卓行，《诗礼传家》，文艺春秋）

　　雨雪交加的圣彼得堡，那个在地下室里写手记的青年，他喝的当然是红茶。因为当时"真正好喝的咖啡""已然消失"，所以清冈卓行把"红茶"改为"咖啡"。一般来说，如果社会上接连不断地发生无趣之事，司空见惯的做法是静静地喝茶，忘却世间的苦闷。利休也好，圣彼得堡的青年也罢，在一杯茶、一杯红茶所带来的安逸环境下，夸耀秀吉权势的大阪城的雄伟，集近代合理主义的美于一体、前所未有的水晶宫的灿烂辉煌，都会烟消云散。不单单只是非酒精类饮料，喝酒的名人陶渊明也写道"顾影独尽，忽然复醉"，传递出他想尽早远离艰辛的尘世，回归田园、安静独饮的心境。

　　但是，咖啡多少有着和茶、酒不同的特点。"如果我现在能喝到一杯咖啡，世界任他怎样"，能静静地独饮咖啡的前提是遥远的中南美洲和非洲的某些地方要生产咖啡（不是自然而然形成的），在此之上，还要确保所有产业结构（出口从业人员、经纪人、船舶公司、仓库公司、烘焙煎制从业人员、零售店、咖啡馆等等）从一辆辆卡车到一个个人都正常发挥作用，把咖啡豆平安地送到我们跟前。喝咖啡的行为与喝茶、喝酒相比，是相当不同的，是极其"非自然"的、人为的、文明性的行为，它的前提是长期以来的欧洲列强殖民统治和成功的世界贸易。正如我们已经从世界史的若干事例中所见，安稳喝咖啡的渴望是违反时代的生产关系以及政治状况的。不难理解高中生清冈卓行写下的"如果我现在能喝到一杯咖啡，世界任他怎样"这句话，为什么会被当作是对日本举全国政治、产业力量推行战争的直接批判。

当时，日本的国策是与欧洲列强争夺东亚。1942年3月1日，南进的日军开始登陆爪哇，降服荷兰东印度军，占领了爪哇。爪哇是世界殖民地咖啡史的起点，是欧洲咖啡殖民地模式的原型。战后，荷兰阿姆斯特丹银行发布了一份资料，控诉日本在战争中经营的咖啡农场残酷至极。这也是情理之中的事。在爪哇经营咖啡农场的人中，有一位叫黑田三郎的诗人。没有人是主动赴战场的，黑田三郎为了逃避兵役，以商社员工的身份赴爪哇，负责经营从荷兰人那里接手的咖啡农场。下面是黑田三郎在战后写的诗中的一节。

清晨芳香四溢的一杯咖啡里，

有我所期许的和平吗？

妻安详睡去的鼻息间，

有我期许的和平吗？

……

啊！

在此，这般，

我把，

曾经鲜血横流的原野，

朋友，

敌人，

憎恶，

恐怖，

都置于何处，

那沾满血的一切啊！

时光真真切切地流逝，

流逝之后，

在那里，

在小市民雅致的生活里，

有什么，

发现呢？

我喝着清晨香气四溢的一杯咖啡，

我听着妻微微的鼻息声。

（微风之中，《黑田三郎诗集》，思潮社）

　　静静地感受"吹过我耳畔的微风"数秒，黑田三郎的"咖啡"里掠过微微苦涩，那是因为与咖啡相关的世界史投影其间。

黑色奔流

　　不久之后"微风"变成"强风"。曾经威廉·佩恩满怀对建设理想大地的希望，来到新大陆。第二次世界大战后，让他感慨咖啡太贵了的纽约取代了汉堡，成为世界咖啡交易的中心。在其一隅的格林威治村，咖啡馆林立，在发酵一个新的时代。

　　1962 年 5 月，一个星期一的下午，一位游走在各处的咖啡馆里卖唱的歌手在公众咖啡馆里喝咖啡，从那里斜望过去，可以看到麦克道格街的煤气灯咖啡馆。他的脑海里忽然浮现出几个疑问，遂用铅笔记录下来，并当即用吉他演奏出来，那天晚上，在民谣音乐城咖啡馆创作出炉的新曲一经发表，就随着时代的湍流涌向世界。歌曲里设置了众多的疑问，而那个时代的

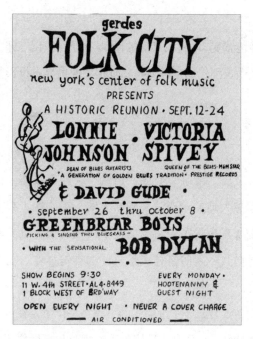

民谣音乐城音乐会海报

答案都是"在风中飘荡"。

　　随着风向，赶上上升气流的是日本的咖啡馆文明。始于"昔日阿拉伯伟大僧侣"的咖啡起源的传说，踏着伦巴节奏，传播到大街小巷，这部世界史长卷故事跨越阿拉伯和加勒比海，来到日本后，切换成了"忘记恋爱的悲哀男子"的小故事（译者注：来自一首叫《咖啡伦巴》的歌词），激起了人们对咖啡的关注。很快，放眼望去，日本一片沉醉在咖啡中的景象，稍微热闹些的街道肯定有咖啡馆。早晨、工作开始、工作间隙、工作结束、回家后电视里无数的咖啡广告都在引诱着人们去喝异国情调的咖啡，夜晚行人稀少的小巷里，咖啡自动贩卖机明晃瓦亮。咖啡的本土化也不断深入，出现了"咖啡浴""咖啡拉面""咖啡薤头腌菜""摩卡脆饼"。从曾经的大洪水过后诺亚登陆的也门山中流出的黑色湍流，彻底浸没了远东的日常生活。

　　咖啡文明的发展如日中天，只有那些相当胆大的、重症"拒绝症患者"察觉出其令人不快之处，公然提出异议。

　　　　真讨厌，真讨厌，那些群众啊
　　　　从一个奇怪的开端爬出
　　　　正给外衣上套着虚构

　　为了享受一杯酒，为什么

　　必须连咖啡店都要打交道

　　（《告知歌》，《吉本隆明全著作集1定本诗集》，

　　劲草书房）

　　在资本主义的商品世界里，自由选择商品的"群众"天各一方，享受着识别细微差异的个人主义。商品交换赋予人们自由和平等的现实基础，把个人抬高到自由且平等地选择主体的地位。["抬高"这个说法不正确。如果坚持"主体（subject）"一词的词源，它是来自 sub，表示下方，iactus 表示被扔、被放置，那就应该用"降低"一词。在商品交换的社会里，人们虽然看似享受着自由、平等，实际上是被抛到了堆满商品的山涧里被强行自由和平等的。消费者虽然被奉为"上帝"，但实际上是跪拜于商品的臣民。]总之，每个人都是自由、平等、柔韧、毫无顾虑的，他们愉快地奔赴拜物的道场，不，是商场，在地下食品卖场最里头的一角，那里供奉着冒着香气的咖啡柜台。摩卡咖啡味甜且香气丰润，爪哇咖啡醇厚顺口，蓝山咖啡甘、酸、苦三味兼具，乞力马扎罗咖啡酸味和甜味配合协调，巴西咖啡口感圆润，海地咖啡带着南美洲的异味，马提尼克的咖啡

有着高贵的口感。

强调自然属性的差异，隐瞒社会性和历史性的差异，这是"商品拜物教"所采用的惯常手法。让人们意识不到商品的社会性由来，让商品成为一种具有自然属性之物，这才是真正的"商品拜物教"。虽然商品普遍存在于人类和社会生产、交通关系的结果中，但是却隐瞒其社会性由来，这种普遍存在和隐瞒的共存正是"商品拜物教"的神秘所在。读懂"商品社会"的字里行间所隐含的神秘无须文字神秘主义。所谓"商品社会"就是居住其间的人们按社会属性相结合，拜商品价值为氏族神，是一个巨大的"神社"之"会"，参道两边林立着无数的物恋对象，阴魂不散。商品社会是一场连续不断的庙会，让人每天沉浸在玄妙的秘密仪式中，飘飘然地兴奋，又累得筋疲力尽。

我们追溯了咖啡的历史，自打"世界市场革命"以来，咖啡这种商品就像一根色笔一般染黑了世界商品交换的进程。但是我们所到达的这个资本主义商品社会无比繁忙，让人疲惫不堪，其代表性的商品却是能缓解人的疲惫、让人恢复精力的商品，真是具备完美的循环性机制。阿拉伯和海地并不是遥远的世界。"黑色的渗渗圣水"被奉为我们的最高神，祈愿各种保佑，成了祝愿我们自身康健的"黑色神酒"。

启程的信号

　　"商品拜物教"、对自然和人类的压榨是一枚奖牌的两个面。咖啡这种商品把地球当作一枚奖牌，在华丽的"拜物教"和凄惨的剥削中展开，是近代典型的商品。欧洲强加在咖啡生产国头上的是单一作物栽培，使这些国家只能依赖咖啡的出口。让我们以 1979 年非洲诸国为例，看一下咖啡在其整个出口中所占的比例，乌干达 98%，布隆迪 82%，埃塞俄比亚 75%，卢旺达 71%。咖啡文明的世界性结果就是造成赤道附近的咖啡生产国和主要位于北半球的咖啡消费国之间的地理性对峙。为了把相距甚远的咖啡生产地和消费地连接起来，运载着咖啡的船舶穿梭于全世界的海洋。咖啡年出口总额达 120 亿美元，在整个世界贸易中，占据着仅次于原油的位置。虽然同为漆黑的液体，但原油和咖啡的差别是显而易见的。在经历了汽车大众化的现代产业社会里，石油是绝对不可缺的原料。而与之相比，咖啡虽算不上奢侈品，但一直是嗜好品。正是由于这一点，石油出产国顽强抵制曾经的殖民主义国家，而咖啡出产国依然无法摆脱对咖啡消费国的经济依赖。

　　问题不仅仅只出在政治方面。咖啡单一作物栽培是不自然的生产体系，这种体系毁坏了各个国家的生态体系。咖啡这种商品的生产史从福地阿拉伯——也门以来就是"资本先生和大地女士"的婚姻史。但这对夫妇却难以说是婚姻圆满的夫妇。列维–斯特劳斯的《忧郁的热带》可以说是一部记录了"忧郁的咖啡带"的书。

　　　我所站立的四周，侵蚀造成土地荒芜，形成凹凸不平的大地。对这混沌不堪的景观负有责任的正是人类自己。人们为了耕种，砍伐了茂密的树丛。但是数年后，养分吸收殆尽，再加之雨水冲刷，大地就无法生长咖啡树。其结果就是，农场搬迁到更远的、还没有被人类污染的、土地肥沃的地方去。人类和土地之间，在旧世界时期构建起千年的亲密联系，尤其是人类和土地之间相互塑造的那种小心翼翼的互惠关系在此完全没有构建起来。在这里，土地被凌辱、被破坏。强取豪夺式的农业攫取眼前的财富，薅掉些许利益之后就转移到其他地方去了。有人把开荒者的活动领域描绘成带着装饰穗的包边，这是很恰当的。开荒者们在开垦的同时也在荒废着土地，他们一面在侵蚀着处女地，一面又在舍弃疲敝的休耕地，所以他们看似命中注定只能占据移动的带状土地，宛如烧毁一切。不断向前行进的野火。农业的火焰在百年间横穿过圣保罗州。

（列维－斯特劳斯的《忧郁的热带》）

　　劳动和大地自古以来就被赋予神话式的意象，比拟为耕种的男子和被耕种的女子。列维－斯特劳斯所说的"互惠关系"就是日本的安腾昌益所说的"互性"吧。"互"这个字据他解释，是男女交媾的象形。如果资本先生只把自然和大地作为统治对象来看，缺乏"互性"精神的话，那大地女士注定会因过度生产而走向枯竭。喝着咖啡，偶尔祈愿"父母"有个健康的晚年，这是沾了咖啡文明光的人类的责任。

　　开启行踪不定的旅程，穿越幻象一般的风景，无论古今，咖啡都是很适合的。"再来一杯咖啡，为了再次的旅途；再来一杯咖啡，我将去往下面的山谷"（鲍勃·迪伦）。

后 记

之所以想到要追溯咖啡这种商品从开始到现在的历史，是因为 1977 年在柏林举办的"魏玛共和国展"上，看到了一张用巴西的咖啡豆作燃料行驶的火车的照片。本来从咖啡这个题目联想到的话题是涉及多方面的。比如德国文学里就有一个传统叫作"喝咖啡主题"。少年维特为什么于晴朗的 5 月，在树下读着荷马喝着咖啡呢？在托马斯·曼写的《魔山》里，纳夫塔和塞塔姆布里尼的决斗为什么必须在汉斯·卡斯托尔普喝咖啡的地方进行呢？卡夫卡的登场人物们怎么就喜欢把咖啡洒在地毯上呢？当时，我在波恩大学走读，研讨课上没完没了地讨论着在"18 世纪德国市民牧歌"中德国市民的幸福感和咖啡的深深渊源。另一方面我特别关注的作家安娜·西格斯是一位为逃离纳粹德国而流亡于墨西哥的作家。她很关注拉丁美洲的历史，写下了很多以拿破仑时代的加勒比海为舞台的作品。因为各种原因，我开始着手调查咖啡的历史，当我意识到的时候，已经远离了德国，陷入了正路之外的奇妙小路。

和咖啡一起周游世界史，是一场要经过各种不同语言圈的旅行，这是预料中的事，但还有一个难以对付的语言，就是所谓的"商品语"。马克思说，商品是资本主义社会财富的细胞，各自拥有阐述自己的、独有的语言。"亚麻布只不过是用只有亚麻布才懂的语言，也就是商品语来表述自己的思想"（《资本论》）。本书想尝试的是让咖啡陈述自己所想。虽说如此，但作为商品的惯常姿态，咖啡也不会直言不讳。其说话腔调故弄玄虚，拐弯抹角。商品不是呈现社会价值本质的象征性的存在，它是寓意性的存在，通过阐述别的事物来指示其所不能直接表达的价值本质的方向，这是源自商品特有的世故性格吧。从咖啡的历史中收集起来的事实开始逐渐具有寓言式的故事形态，这不是我的随意妄为。

在写这部书稿期间，得到了很多人有形无形的帮助。写就的这本书如果能回报这些人的深情厚谊，我将无比荣幸。本书能列入中公新书，这要感谢小堀桂一郎、新田义之两位教授的推荐。还有中央公论社的石川昂先生给我提出各种宝贵建议，尽了很大的力。在此让我对诸位致以深深的谢意。

臼井隆一郎

1992 年 6 月